컴퓨터도 놀란다!
속산 100의 테크닉
이것으로 당신도 계산의 명인

나카무라 기사쿠 지음
김소윤·김현숙 옮김

전파과학사

머리말

  속산(速算)이라고 하면, '탁상용 전자계산기가 보급되고 있는 시대에 새삼스럽게 무슨' 하고 대수롭지 않게 생각하는 사람도 적지 않을 것이다. 그러나 탁상용 전자계산기가 항상 손이 닿는 곳에 있는 것은 아니다. 쇼핑 같은 것을 할 때에는 대개 금방 계산이 잘 되지 않는다. 이럴 때 속산은 대단히 유효한 것이다. 게다가 교묘한 속산의 구조를 알면 뜻밖의 매력에 빠져들게 된다.

  예를 들면 1012와 1016의 곱셈을 생각해 보자. 이것은 네 자릿수와 네 자릿수의 곱셈이므로 암산으로 답을 얻는다는 것은 어렵다. 그러나 속산 방법에 의하면 금방 답을 얻을 수 있다. 즉 아래(예식) 공식의 결과를 보면 중간 계산은 하나도 없이 즉시 답이 나와 있다. 이것은 이 책의 【문제 17】에 있는 속산을 사용했기 때문이다. 이와 같이 속산은 참으로 통쾌한 것이다. 더욱이 두뇌 훈련에도 좋아 즐기면서 수(數)에 대한 감각이 자연히 발달되게 된다.

$$\begin{array}{r} 1012 \\ \times\ 1016 \\ \hline 1028192 \end{array}$$

  이 책에서는 속산 문제를 모두 100문제 준비했다. 각 문제마다 간단한 설명을 붙여서, 속산의 기법을 발견하는 단서가 되도록 했다. 좀 어려운 문제도 있지만, 먼저 독자 자신이 속산을 발견해 보자. 그리고 해답을 비교해 보면, 속산의 즐거움이 훨씬 더 커진다. 해답을 보기 전에 필산과 암산으로 반드시 도전해 보자. 또한 각 문제마다 연습문제를 붙여서 각 유형의 속산을 습득하는 데 도움이 되게 했다.

그런데 속산의 대상이 되는 계산은 보통 덧셈, 뺄셈, 곱셈, 나눗셈, 제곱의 다섯 가지이다. 여기에 어떤 수로 나누어 떨어지는지의 검증과 계산 결과가 올바른지의 검산이 추가된다.

이 책에서는 이들 속산을 모두 다루고, 특히 실수를 피하는 계산 방법도 추가했다. 이것은 속산과 끊을 수 없는 관계가 있기 때문이다. 또한 속산의 포인트와 주의사항을 요약해 놓았다. 이것을 포함해서 8장으로 구성하여 정리했는데, 속산의 성격으로 보아 각 장의 문제에는 많고 적음이 있다. 곱셈이 가장 많고, 검산(檢算)이 가장 적다. 곱셈이 많은 것은 계산의 어려움이 다소 있어서 여러 가지 속산이 고안되어 있기 때문이다.

더욱이 이 책의 100문제 중에는 전통적인 속산 외에 저자가 고안한 속산을 곳곳에 삽입해 두었다. 이들 각 문제의 제목이 속산 기법의 포인트로 되어 있다. 여기서 다룬 100문제와 더불어 속산의 재미와 즐거움을 만끽하고, 반드시 실생활에 사용하였으면 한다. 그리고 계산의 명인에서 한 걸음 나아가 수(數)와 수학에 흥미를 가져 주었으면 한다.

나카무라 기사쿠

차례

머리말

제1장 속산으로 덧셈과 뺄셈을 한다 ——————— 11

문제 1 조합을 찾아낸다 12
문제 2 같은 수를 모은다 14
문제 3 각 자릿수마다 수를 나눈다 16
문제 4 기준에서 차를 구한다 18
문제 5 알맞은 수에서 뺀다 20
문제 6 알맞게 가까운 수를 더한다(1) 22
문제 7 알맞게 가까운 수를 더한다(2) 24
문제 8 알맞게 가까운 수를 뺀다(1) 26
문제 9 알맞게 가까운 수를 뺀다(2) 28
문제 10 일부에 보수를 이용한다 30
문제 11 보수를 사용해서 덧셈으로 맞춘다 32
문제 12 덧셈·뺄셈을 각각 정리한다 34

제2장 속산으로 곱셈을 한다 ——————— 37

문제 13 11에서 19까지의 두 수를 곱한다 38
문제 14 101에서 109까지의 두 수를 곱한다 40
문제 15 1001에서 1009까지의 두 수를 곱한다 42
문제 16 111에서 119까지의 두 수를 곱한다 44
문제 17 1011에서 1019까지의 두 수를 곱한다 46

문제 18 20단위의 수에 10단위의 수를 곱한다 48
문제 19 110단위의 수에 10단위의 수를 곱한다 50
문제 20 일의 자리가 1인 두 수를 곱한다 52
문제 21 10단위의 두 수의 곱셈을 세 자리로 넓힌다 54
문제 22 십의 자리가 같고 일의 자리의 합이 10이 되는 두 수를 곱한다 56
문제 23 십의 자리가 같고 일의 자리의 합이 11이 되는 두 수를 곱한다 58
문제 24 십의 자리가 같고 1자리의 합이 9가 되는 두 수를 곱한다 60
문제 25 십의 자리가 다르고 일의 자리의 합이 10이 되는 두 수를 곱한다 62
문제 26 십의 자리가 같고 일의 자리의 합이 10이 되는 곱셈을 세 자리로 넓힌다 64
문제 27 백의 자리가 일의, 십의 자리가 같고, 일의 자리의 합이 10이 되는 두 수를 곱한다 66
문제 28 일의 자리가 같고 십의 자리의 합이 10이 되는 두 수를 곱한다 68
문제 29 일의 자리가 같고 십의 자리의 합이 11이 되는 두 수를 곱한다 70
문제 30 일의 자리가 같고 십의 자리의 합이 9가 되는 두 수를 곱한다 72
문제 31 일의 자리가 하나 차이고 십의 자리의 합이 10이 되는 두 수를 곱한다 74
문제 32 일의 자리가 같고, 십의 자리의 합이 10이되는

차례 7

　　　　　곱셈을 세 자리로 넓힌다　76
문제 33　5와 25를 곱한다　78
문제 34　125와 375를 곱한다　80
문제 35　25에 가까운 수를 곱한다　82
문제 36　125에 가까운 수를 곱한다　84
문제 37　두 자리의 나란히 수 곱한다　86
문제 38　세 자리의 나란히 수 곱한다　88
문제 39　나란히 수 가까운 수를 곱한다　90
문제 40　십의 자리와 일의 자리의 합이 9가 되는 수를 곱한다　90
문제 41　100에 가까운 두 수를 곱한다(1)　92
문제 42　100에 가까운 두 수를 곱한다(2)　94
문제 43　백의 자리가 같고, 십의 자리가 0인 두 수를 곱한다　98
문제 44　1000에 가까운 두 수를 곱한다　100
문제 45　10에 가까운 수를 곱한다　102
문제 46　100에 가까운 수를 곱한다　104
문제 47　알맞게 가까운 수를 곱한다　106
문제 48　합이 100이 되는 두 수를 곱한다　108
문제 49　합이 100에 가까운 2수를 곱한다　110
문제 50　백의 자리가 1이고, 합이 300이 되는 두 수를 곱한다　112
문제 51　대각선의 합이 100이 되는 두 수를 곱한다　114
문제 52　대각선의 합이 꼭맞는 수가 되는 두 수를 곱한다　116

문제 53 대각선의 합이 100이 되는 두 수의 곱셈을 세 자
리로 넓힌다 118

제 3 장 속산으로 나눗셈을 한다 ─────────── 121

문제 54 5와 25로 나눈다 122
문제 55 125로 나눈다 124
문제 56 9로 나눈다 126
문제 57 99로 나눈다 128
문제 58 999로 나눈다 130
문제 59 909로 나눈다 132
문제 60 9009로 나눈다 134
문제 61 98로 나눈다 136
문제 62 100보다 조금 작은 수로 나눈다 138
문제 63 998로 나눈다 140
문제 64 1000보다 조금 작은 수로 나눈다 142
문제 65 15로 나눈다 144
문제 66 35와 45로 나눈다 146
문제 67 한 자리의 곱으로 분해할 수 있는 수로 나눈다
        148
문제 68 199와 299로 나눈다 150
문제 69 꼭 맞는 수보다 약간 작은 수로 나눈다 152

제 4 장 제곱을 속산한다 ─────────────── 155

문제 70 11에서 19까지를 제곱한다 156

문제 71 일의 자리가 5인 두 자릿수를 제곱한다 158
문제 72 십의 자리가 5인 두 자릿수를 제곱한다 160
문제 73 100에 가까운 수를 제곱한다 162
문제 74 1000에 가까운 수를 제곱한다 164
문제 75 십의 자리와 일의 자리가 5인 세 자릿수를 제곱한다 166
문제 76 백의 자리와 십의 자리가 5인 세 자릿수를 제곱한다 168
문제 77 일의 자리가 4이거나 6인 두 자릿수를 제곱한다 170
문제 78 임의의 두 자릿수를 제곱한다 172

제 5 장 나누어 떨어지는지를 속산으로 조사한다 —— 175

문제 79 2와 5로 나누어 떨어지는가 176
문제 80 4와 25로 나누어 떨어지는가 178
문제 81 3과 6으로 나누어 떨어지는가 180
문제 82 7로 나누어 떨어지는가(1) 182
문제 83 7로 나누어 떨어지는가(2) 184
문제 84 8과 16으로 나누어 떨어지는가 186
문제 85 9, 12, 18로 나누어 떨어지는가 188
문제 86 11로 나누어 떨어지는가 190
문제 87 13으로 나누어 떨어지는가 192

제 6 장 속산으로 검산한다 —————————— 195

문제 88 덧셈을 확인한다 196
문제 89 뺄셈을 확인한다 198
문제 90 덧셈, 뺄셈의 혼합산을 확인한다 200
문제 91 곱셈을 확인한다 202
문제 92 나눗셈을 확인한다 204
　　　● 구거법의 원리 206

제 7 장 속산으로 착오를 피한다 ─────── 211

문제 93 계산 착오를 피하는 덧셈(1) 212
문제 94 계산 착오를 피하는 덧셈(2) 214
문제 95 계산 착오를 피하는 뺄셈(1) 216
문제 96 계산 착오를 피하는 뺄셈(2) 218
문제 97 계산 착오를 피하는 곱셈(1) 220
문제 98 계산 착오를 피하는 곱셈(2) 222
문제 99 계산 착오를 피하는 곱셈(3) 224
문제100 계산 착오를 피하는 나눗셈 226

제 8 장 속산의 포인트는 이것이다 ─────── 229

1. 쓰는 수고를 가급적 적게 한다 230
2. 뺄셈보다는 덧셈을 230
3. 나눗셈보다는 곱셈을 231
4. 간단한 제곱은 암기한다 231
5. 계산 순서를 연구한다 232
6. 공식을 활용한다 233

7. 수열의 합에도 공식의 이용을　233
8. 포카 미스를 하지 말 것　234
연습문제의 답 ———————————————— 237

제 1 장
속산으로 덧셈과 뺄셈을 한다

문제 1

조합을 찾아낸다

```
   ① 3          ② 8
     8            4
     6            3
     2            5
     9            7
     7            2
   + 4            6
                  3
                  1
                + 4
```

> **코멘트**
>
> 한 자릿수 덧셈(가산)이면, 그저 더하는 것만으로 될 것 같다. 이런 간단한 계산도 궁리할 여지는 있다. 더하는 순서를 생각해 보자. 정식 계산보다는 훨씬 쉬워진다.

해답

한 자릿수의 덧셈에서 가장 자주 사용되는 계산은 합이 10이 되는 **수의 조합**이다.

①에서는 첫번째 줄의 3과 여섯번째 줄의 7, 두번째 줄의 8과 네번째 줄의 2, 세번째 줄의 6과 일곱번째 줄의 4가 그렇다. 그러면 나머지는 다섯번째 줄의 9뿐이므로

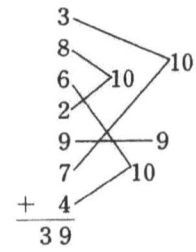

합계는 39라는 것을 곧 알 수 있다.

조합을 찾는 이 방법은 속산에서 뿐만 아니라, 확실한 계산 방법이기도 하다.

합이 10이 되는 수의 조합은 2개 수만으로 한정되지 않는다. 3개든지 4개든지 상관없지만, 무리하게 찾아내려고 하면 도리어 불필요한 노력이 소요된다.

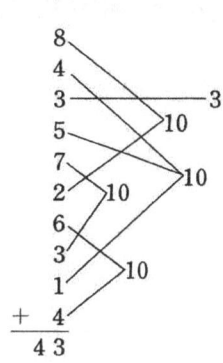

이 때문에 3개 정도가 한도이다.

②에서 2개로 10이 되는 조합을 만들면 4, 3, 5, 1의 4개의 수가 남는다. 그래서 4와 5와 1의 3개의 수에 의한 조합을 찾아낸다.

연습문제 1

```
①   3        ②   7        ③   1
     4             2             4
     8             4             7
     6             5             6
     2             8             8
     6             6             5
   + 7             7             3
                   5             2
                 + 3             8
                               + 1
```

문제 2

같은 수를 모은다

```
  ①   5        ②   2
      9            1
      4            7
      5            6
      4            2
      9            1
      5            7
   +  4         +  2
                   1
                +  6
```

[코멘트]

같은 수가 여러 개 들어 있을 때는 그것을 모으는 것이 중요하다. 그러면 그 답은 간단한 곱셈으로 얻어지므로 전체의 덧셈이 알아보기 쉬운 형태로 정리된다.

[해답]

①에서는 첫번째 줄과 네번째 줄 그리고 일곱번째 줄이 5이고, 두번째 줄과 여섯번째 줄이 9, 세번째 줄과 다섯번째 줄과 여덟번째 줄이 4이다. 여기서 각각의 수를 모으면 5가 3개이므로 15이고, 9가 2개이므로 18, 4가 3개이므로 12가 된다.

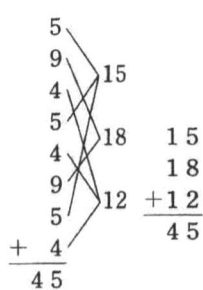

이것들을 더하면 같은 답이 나오게 되어 그 합은 45이다.

②도 거의 같다. 여기서는 2가 3개이므로 6, 1이 3개이므로 3, 7이 2개이므로 14, 6이 2개이므로 12가 된다. 이 4개를 더하면, 우선 6과 14로서 20이 되고, 3과 12를 더하면 15가 되며, 다시 20과 15를 더한다. 즉, 어느 때라도 편한 계산이 되도록 궁리한다. 아무리 간단한 덧셈이라도 그러한 배려는 해야 한다.

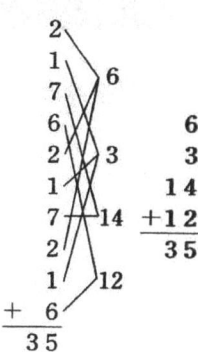

연습문제 2

①		②		③	
	4		5		3
	3		6		8
	9		1		6
	8		5		3
	3		7		3
	4		1		6
+	9		6		4
			7		8
		+	6		4
				+	6

문제 3

각 자릿수마다 수를 나눈다

```
① 93        ② 273
  48           826
  47            37
  12           453
  24           344
  57        +  81
+ 16
```

코멘트

두 자릿수나 세 자릿수의 덧셈에서는 **각 자릿수별로 수**를 나누고, 한 자릿수 단위로 덧셈을 하는 것이 좋다. 이런 식으로 【문제 1】이나 【문제 2】 방법이 여기서 사용된다.

해답

①에서는 모든 수가 두 자릿수이므로 일의 자릿수와 십의 자릿수의 2조로 나눈다. 그리고 일의 자리는 일의 자릿수끼리 덧셈을 하고, 십의 자릿수는 십의 자릿수끼리 더한다. 그러면 일의 자릿수의 합은 37이고, 십의 자릿수의 합은 26이다. 여기서 26을 왼쪽으로 한 자리 당겨서 놓고 이것과 37을 더한다. 한편

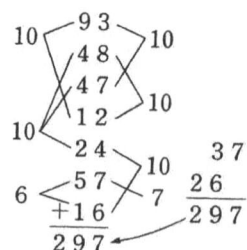

제1장 속산으로 덧셈과 뺄셈을 한다   19

이것은 계산 착오를 줄이기 위해 【문제 93】 방법도 이용하고 있다.

②에서는 세 자릿수가 최고 자릿수이므로, 일의 자리와 십의 자리와 백의 자리의 3조로 나눈다. 그리고 앞에서와 마찬가지로 일의 자리, 십의 자리, 백의 자리의 각각의 수를 먼저 덧셈을 한다. 그 결과를 다시 더하면 답이 된다.

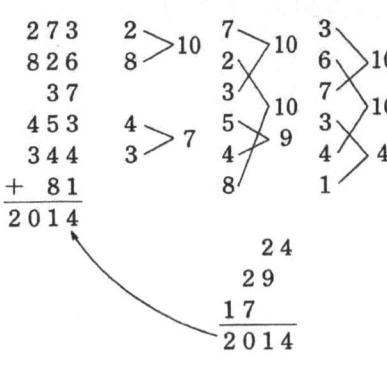

이렇게 하면 쓸데없는 번거로움이 있을 것 같지만, 일의 자릿수의 덧셈이 많아서 계산이 쉽고 역시 속산이 된다.

연습문제 3

①	②	③
42	427	3533
73	347	4786
47	230	6378
50	506	7054
62	368	5057
33	321	4175
+ 68	+ 474	+ 5842

문제 4

기준에서 차이를 구한다

```
① 78        ② 357
  83           338
  81           364
  77           348
  85           352
  76           356
  77           345
+ 84         + 353
```

─ 코멘트 ─

같은 수가 여러 개 있는 덧셈을 그대로 더하는 것은 서투른 방법이다. 어딘가에 기준을 두고, 그 **기준에서 차이를** 찾으면 그 차이는 모두 간단한 수가 된다. 이 차이에 대한 덧셈에서 본래의 답을 내도록 한다.

─ 해답 ─

같은 수를 여러 개 더할 때도 맨 가운데쯤에 기준을 만들고 거기서 차이를 구한다.

①에서는 어떤 수도 두 자릿수이며, 십의 자리는 7과 8이다. 거기서 80을 기준으로 하여 거기서

```
 78    -2
 83     3
 81     1
 77    -3       80
 85     5     ×  8
 76    -4      640
 77    -3
+84     4
641 ← -1
```

차이를 찾아 낸다. 그러면 극히 간단한 수가 되어 플러스와 마이너스로 상쇄시키는 방법을 발견할 수 있다.

이 합은 1이므로, 기준에 대한 **보정**으로서 80의 8배에 1을 더하면 답은 641이 된다.

②에서는 자세히 보면 곧 알 수 있는데, 예를 들면 350을 기준으로 한다. 그러면 여기서 차이를 계

```
  357      7       7      12
  338    -12      14       2
  364     14       2     + 5
  348    - 2       6      19
  352      2     + 3
  356      6      32          350
  345    - 5             13 ×  8
+ 353      3               2800
  2813
```

산할 수 있으며 기준에 대한 보정을 하면 답은 2813이 된다. 이때 플러스는 플러스끼리 마이너스는 마이너스끼리 먼저 더한 후에 그것에서 차이가 되는 13을 구하는 것도 좋은 방법이다.

기준으로 취하는 수는 그것을 몇 배로 곱해야 하기 때문에 가능하면 간단한 수를 고르도록 한다. 또한 이 방법과 나눗셈을 조합하면 **평균**의 속산이 가능하다.

연습문제 4

①	②	③
42	865	6425
46	872	6439
37	884	6451
35	868	6428
41	859	6444
32	876	6448
+ 43	+ 881	6456
		+ 6460

문제 5

알맞은 수에서 뺀다

① 1000
　－ 783

② 10000
　－ 4159

코멘트

알맞은 수라는 것은 100, 1000, 10000과 같이 맨 첫머리의 수가 1이고, 그 다음에 0이 계속되는 수를 말한다. 그리고 맨 첫머리의 수가 1이 아니라 해도 그 뒤로 0이 몇 개든지 계속되면 역시 알맞은 수라고 생각할 수 있다.

그렇게 하면 어떤 수를 알맞은 수에서 빼는 것이 뺄셈 (**감산**)의 기본이 된다.

해답

①에서는 1000을
　　$1000 = 999 + 1$
로 생각해서 먼저
　　$999 - 783$

```
  999
-  783
------
  216
+    1
------
  217
```

의 뺄셈을 한다. 그러면 한 자릿수의 최대수는 9가 되므로 각 자릿수마다 **뺄셈을 반복해 올라가면** 된다. 이렇게 하기 위해서 **차이**가 되는 216은 간단하게 얻어진다. 이 계산을 보면, 일의 자리의 7은 그것에 3을 더하면 10이 되는 수, 십의 자리의 1과 백의 자리의 2는 그것에 각각 8과 7을 더하면 9가 되는 수이다. 이 217을 783의 1000에 대한 **보수**(補數)라고 한다.

②에서는 4159의 10000에 대한 보수를 구하는 것이 된다. 이것은 일의 자리는 9를 더하면 10이 되는 수, 십의 자리와 백의 자리 그리고 천의 자리는 각각 5, 1, 4를 더하면 9가 되는 수이므로, 5841이 된다. 또한 여기서는 맨끝의 일의 자리수에서 구했지만, 익숙해지면 십의 자리이상에서도 간단하게 구해진다.

```
  9999
-  4159
  5840
+    1
  5841
```

보수라는 것은 어떤 수를 기준으로 해서 더하면 그 수가 되는 상대수를 말한다. 이때 1000이나 10000을 기준으로 하는 것이 보통인데, 때로는 그 밖의 수도 기준으로 한다.

연습문제 5

①   1000   ②   10000   ③   100000
   − 298   −8363   −98989

문제 6

알맞게 가까운 수를 더한다(1)

```
  ① 98        ② 93
     95          582
     97          896
     93           84
     99          298
   + 92        + 497
```

코멘트

알맞게 가까운 수라는 것은 그것에 다시 작은 수를 더하면 100이나 1000 등 어떤 알맞은 수가 되는 것을 말한다. 물론 600이나 8000이 되어도 상관없다. 이들 수의 덧셈에서는 보수를 잘 사용할 수 있다.

해답

①에서는 모두 100에 가까운 수이다. 여기서 각 수를 100과 그 보수로 나타내었으므로 100에 대한 덧셈도, 보수에 대한 덧셈도 간단하다. 이렇게 해서 600에서 26을 빼면 것이 되고, 답은 574가 된다. 한편, 이 계산에서 알 수 있듯이 각 보수가 간단한 형으로 씌어 있지 않으면 속산

```
   98   100  - 2
   95   100  - 5
   97   100  - 3  ⟩10  ⟩10
   93   100  - 7       ⟩6
   99   100  - 1
 + 92   100  - 8
  574   600  -26
```

의 효과는 없다.

②에서는 100에 가까운 수나 600에 가까운 수 등 여러 가지가 있는데, 모두가 적당히 가까운 수라는 것은 마찬가지이다. 여기서 각각의 수를 적당한 수와 그 보수로 나타낸다. 그러면 ①과 같이 100의 6배라는 간단한 계산이 되지는 않지만 역시 간단한 속산이 가능하다.

```
    93    100  - 7
   582    600  -18
   896    900  - 4
    84    100  -16
   298    300  - 2
 + 497    500  - 3
  ────    ────  ───
  2450   2500  -50
```

연습문제 6

①   92
     97
     86
     95
     89
  + 94

②   794
     189
      93
     998
     694
     287
  + 88

③   698
    2989
     196
    6788
     394
      97
 + 3999

문제 7

알맞게 가까운 수를 더한다(2)

1) 989
    648
  + 296

2) 1453
    3996
     825
  + 395

코멘트

모든 수가 알맞게 가까운 수가 되지 않아도 동일한 덧셈을 할 수 있다. 알맞게 가깝지 않은 수는 그대로 두고, 알맞게 가까운 수만 보수를 사용하면 되기 때문이다. 다만, 알맞게 가깝지 않은 수가 여러 개 있으면 속산의 효과는 낮아진다.

해답

　①에서 알맞게 가까운 수는 989와 296의 두 가지이다. 여기서 648은 그대로 두고 989와 296을 보수로 나타낸다. 그러면 648에 1000과 300을 더하면 답은 1948이 된다. 한편 보수의 합은 15가 되므로, 1948에서 15를 빼서 마지막 답인 1933을 얻게 된다. 이와 같이 알맞게 가까운 수가 1개일 때는 조금 전 【문제 6】과 거의 같은 방법이 된다.

```
 989   1000  -11
 648    648
+296    300  - 4
────   ────  ───
1933   1948  -15
```

　②에서는 알맞게 가까운 수는 3996과 395의 두 가지가 있다. 그 밖에는 1453과 825는 알맞은 수에 가깝지 않기 때문에 그대로 더한다. 이 때문에 좀 번거로운 점도 있지만, 원래의 계산보다는 간단하므로 속산의 효과는 역시 충분하다.

```
1453   1453
3996   4000  -4
 825    825
+395    400  -5
────   ────  ──
6669   6678  -9
```

연습문제 7

①	②	③
97	698	1989
46	292	2342
94	424	4997
+92	799	1336
	+388	7984
		+4993

문제 8

알맞게 가까운 수를 뺀다(1)

①   523　　　②   7263
 − 398　　　　 − 2989

> **코멘트**
>
> 알맞게 가까운 수를 뺄 때는 덧셈과 역조작을 한다. 우선 알맞은 수를 빼고, 과도하게 뺀 부분은 보충해서 바로 잡기 위해 나중에 보수를 더한다. 즉, 기본적인 속산 방법은 덧셈과 완전히 동일하다.

해답

①에서는 398이

398 = 400 − 2

로서 알맞게 가까운 수이다. 여기서 우선 523에서 400을 빼면, **암산**으로 123이다. 그러나 여기서는 너무 많이 뺐기 때문에 398의 400에 대한 보수를 더한다. 이 보수는 2이기 때문에 이 덧셈도 암산으로 할 수 있다. 이렇게 해서 답은 125가 된다.

$$\begin{array}{r} 523 \\ -398 \\ \hline 125 \end{array} \quad \begin{array}{r} 523 \\ -400 \\ \hline 123 \\ +2 \\ \hline 125 \end{array}$$

한편 여기에는 계산 순서가 쓰여 있지만, 물론 머리속으로도 간단히 암산할 수 있다.

②에서는, 2989가

2989 = 3000 − 11

이며, 역시 알맞게 가까운 수이다. 여기서 우선 7263에서 3000을 빼서 4263으로 만들고, 다음에는 11을 더해서 4274로 만든다.

$$\begin{array}{r} 7263 \\ -2989 \\ \hline 4274 \end{array} \quad \begin{array}{r} 7263 \\ -3000 \\ \hline 4263 \\ +11 \\ \hline 4274 \end{array}$$

이렇게 하여, 세 자리나 네 자리의 뺄셈에서도 알맞게 가까운 수를 뺀다면 마찬가지일 것이다.

연습문제 8

① 836 − 488 ② 6463 − 2996 ③ 42762 − 29976

문제 9

알맞게 가까운 수를 뺀다(2)

```
①    824         ②   9234
   -  187           -1988
   -  298           - 796
   -   92           -2979
                    - 687
```

> **코멘트**
>
> 알맞게 가까운 수를 뺄 때는 그것이 여러 개 있어도 마찬가지이다. 각각을 보수로 나타내고 그것에 의한 보정(補正)을 하면 되기 때문이다. 이 속산에 익숙해지면 뺄셈은 어렵지 않다.

해답

①에서는 187, 298, 92가 각각 200, 300, 100에 가까우므로 보수를 사용해서 나타낸다. 그러면 200과 300과 100의 덧셈은 암산으로 600, 13과 2

```
   824              824
  -187   200-13    -600
  -298   300- 2     224
  -  92  100- 8   +  23
   247   600-23     247
```

와 8의 덧셈도 암산으로 23이 된다. 그러므로 먼저 824에서 600을 빼고, 그 답인 224에 23을 더하면 247이 된다.

②에서는 1988이 2000에, 796이 800에, 2979가 3000에, 687이 700에 각각 가까운 수이다. 여기서 각각의 보수를 사용하면 9234에서 6500을 뺀 후에

```
   9234              9234
  -1988   2000-12   -6500
  - 796    800- 4    2734
  -2979   3000-21   +  50
  - 687    700-13    2784
   2784   6500-50
```

50을 더하면 된다. 이 계산은 원래의 뺄셈을 그대로 하는 것보다 훨씬 능률적이다.

연습문제 9

①   602   ②   3216   ③   52021
    −   94   −   489   − 2993
    − 195   −   792   − 3989
    −   87   −   586   − 9978
                            −   398   − 4986

문제 10

일부에 보수를 이용한다

1	3265	2	481382
	− 1387		− 263543

코멘트

뺄셈에서는 뺄셈이 알맞게 가까운 수가 아니라도 역시 보수를 사용할 수 있다. 그렇게 하면 뺄셈을 덧셈으로 대치하게 되어 계산은 무척 편해진다. 다만, 【문제 95】의 방법도 있으므로, 경우에 맞도록 사용하는 것이 중요하다.

해답

①에서는 먼저 천의 자리와 백의 자리 사이를 가른다. 이것은 천의 자리는 2자리에서만 빼고, 백의 자리 이하는 맨뒷 자리수에서 빌릴 필요가 있기 때문이다. 그리고 빼는 수 천의 자리에 1을 더하고 백의 자리 이하는 1000에 대한 보수로 바꾸어 놓는다. 그것에 천

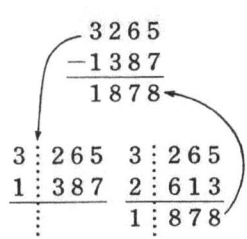

의 자리는 뺄셈, 백의 자리 이하는 덧셈을 하면 답은 1878이 된다. 그 이유는,

$$387 = 1000 - 613$$

으로 분명해지기 때문이다.

②에서는 맨 위 두 자리는 그대로 두고 빼기 때문에 만의 자리와 천의 자리 사이를 가른다.

그리고 26에는 1을 더하고, 3543은 10000에 대한 보수로 바꿔 놓는다. 거기서 만의 자리 이

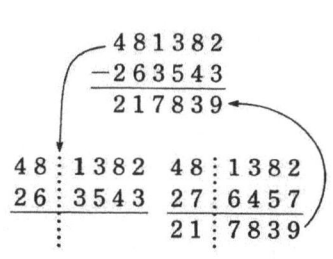

상은 뺄셈을, 천의 자리 이하는 덧셈을 하는 것이다. 또한 【문제 96】에서 나타내는 방법도 매우 유효하다.

연습문제 10

①   4205
  − 1257

②   83163
  − 41752

③   620003
  − 432356

문제 11

보수를 사용해서 덧셈으로 맞춘다

```
1    654          2    27425
   - 328             -  6829
   + 243             +  1283
   - 767             -  7654
   + 313             +  8273
                    -  9492
```

─ 코멘트 ─

덧셈과 뺄셈이 섞인 계산(가감혼합산)에서는 두 가지 속산이 있다. 하나는 뺄셈을 보수로 바꿔 놓아 덧셈만으로 맞추는 것이다. 또 하나는 다음 【문제 12】에서 설명할 것인데, 덧셈은 덧셈으로, 뺄셈은 뺄셈으로 맞추는 것이다.

─ 해답 ─

1에서는 뺄셈인 328, 767을 각각 1000에 대한 보수인 672, 283으로 바꿔 놓고 모두 덧셈으로 계산한다. 그리고 그 합인 2115에서 2000을 뺀다. 이 2000은 2개의 보수를 사용했기 때문에, 그 개수를 틀리지 않도록 하기 위해 보수의 오른쪽에 ∨표시를 붙여 두면 편리하다.

```
  654      654
 -328      672 ✓
 +243      243
 -767      233 ✓
 +313    + 313
  115     2115
           ↓
          -115
```

또한 합인 2115를 구하는 덧셈에서도 속산을 이용하는데, 여기서는 결과만을 기록했다.

②에서는 빼는 수가 네 자릿수이기 때문에 10000에 대한 보수를 취해서 6829, 7654, 9492는 각각 3171, 2346, 508로 치환한다. 그리고 모두 더하면 43006이 되며 3개의 보수를 사용했기 때문에 여기서 30000을 뺀다. 뺄셈이 있을 때는 어느 것이나 같은 수에 대한 보수로 표시하면 혼란을 일으킬 염려가 없다.

```
  27425        27425
-  6829         3171✓
+  1283         1283
-  7654         2346✓
+  8273         8273
-  9492          508✓
  13006        43006
                  ↓
               13006
```

연습문제 11

① 　79
　－37
　＋56
　－49
　＋68

② 　359
　－198
　＋836
　－722
　＋657
　－902

③ 　5799
　－7501
　＋2728
　－ 982
　＋6529
　－3694

문제 12

덧셈, 뺄셈을 각각 정리한다

```
1    654        2    27425
   - 328           - 6829
   + 243           + 1283
   - 767           - 7654
   + 313           + 8273
                   - 9492
```

코멘트

바로 앞 【문제 11】에서 기술한 것처럼 덧셈과 뺄셈이 뒤섞인 계산이다. 여기서는 덧셈과 뺄셈을 각각 정리한 방법이다. 또한 두 가지 방법을 비교하기 위해 똑같은 문제를 예로 들었다.

해답

1에서는 덧셈과 뺄셈을 각각 정리하면 덧셈의 답이 1210이고, 뺄셈의 답이 1095이다. 여기서 1210에서 1095를 빼면 구하는 답은 115가 된다.

이 방법은 마지막 1회만을 뺄셈하고, 다음에는 모두 덧셈을

제1장 속산으로 덧셈과 뺄셈을 한다 37

하고 있다. 물론 뺄셈보다는 덧셈 쪽이 편하기 때문이다.

②에서는 덧셈의 합은 36981, 뺄셈의 합은 23975이다. 36981에서 23975를 빼면 답은 13006이 된다.

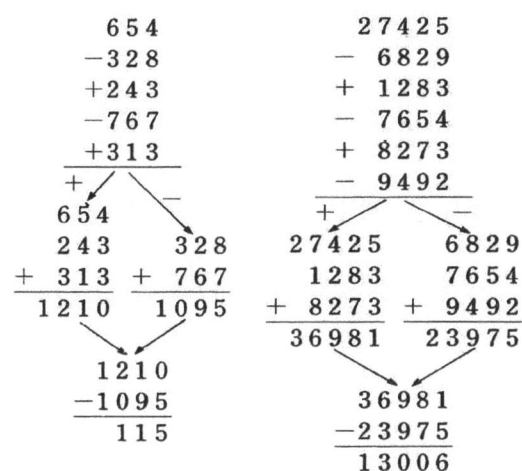

더욱이 각각은 덧셈 속산을 사용하는데, 그 방법은 이미 모두 언급했기 때문에 결과만을 표시한다.

┌─ 연습문제 12 ─────────────────────────┐

①   52   ②   511   ③   7157
   − 45   − 336   − 2892
   + 67   + 408   + 5866
   − 35   − 162   − 9413
   + 87   + 219   + 8366
              − 345   − 6479

└──────────────────────────────────┘

제 2 장
속산으로 곱셈을 한다

문제 13

11에서 19까지의 두 수를 곱한다

$\boxed{1}$ 12 $\boxed{2}$ 14
    × 16   × 19

코멘트

먼저 보통 곱셈(승산)을 해보자. 그러면 십의 자리가 모두 1인 곱셈은 간단하게 할 수 있다는 것을 알 수 있다. 그 특징을 찾아내서 속산에 이용한다. 보통 곱셈을 여러 번 반복하면 반드시 그 특징을 찾을 수 있다.

해답

①에서는 먼저 일의 자리끼리의 곱셈인

$$2 \times 6 = 12$$

를 아래 두 자리에 쓰고, 다음에 위쪽의 12 에 6을 더해서

$$12 + 6 = 18$$

을 왼쪽으로 한 자리 올려서 쓴다. 그러면 그 합은 192가 된다.

```
    12
  × 16
  ────
    12   ←2×6
  + 18   ←12+6
  ────
   192
```

마찬가지로, ②에서는 4×9를 아래 두 자리에 쓰고, 14+9를 왼쪽으로 한 자리 올려서 쓴다. 그러면 그 합이 266이 된다. 익숙해지면 암산도 가능하다.

```
    14
  × 19
  ────
    36   ←4×9
  + 23   ←14+9
  ────
   266
```

그 이유는 다음과 같다. 일의 자리수를 각각 a, b라고 하면 십의 자리가 1인 두 수는

$$10+a,\ 10+b$$이다.

그리고 두 수의 **곱**은

$$(10+a)(10+b) = 100 + 10(a+b) + ab$$
$$= \{(10+a)+b\} \times 10 + ab$$

가 되어 속산으로도 할 수 있다.

연습문제 13

①   12   ②   18   ③   17
    × 13   × 16   × 19

문제 14

101에서 109까지의 두 수를 곱한다

①   102   ②   109
   × 107   × 106

> **코멘트**
>
> 세 자리끼리의 곱셈으로 모두 백의 자리가 1이고, 십의 자리가 0이므로 예상보다 간단한 곱셈을 할 수 있다.【문제 13】의 방법으로 주의를 하면 이 속산을 할 수 있다. 그리고 속산이 정확한지는 보통 계산으로 확인해 본다.

해답

①에서는 먼저 일의 자리끼리의 곱셈인

$2 \times 7 = 14$

를 두 자리에 쓰고, 일의 자리끼리의 덧셈인

$2 + 7 = 9$

를 그 왼쪽 두 자리에 쓰고, 그 왼쪽 한 자리에 1을 쓰면 이 곱셈의 답을 얻을 수 있다.

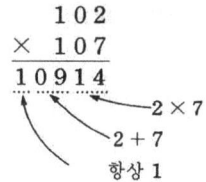

마찬가지로, ②에서는 9×6을 아래 두 자리에 쓰고, $9+6$을 왼쪽 두 자리에 쓴다. 이유는 다음과 같다.

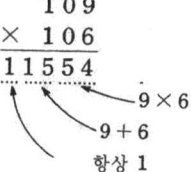

일의 자릿수를 각각 a, b라 하면 백의 자리가 1이고, 십의 자리가 0인 두 수는

$100 + a$, $100 + b$

이다. 그러므로 두 수의 곱은

$(100+a)(100+b) = 10000 + (a+b) \times 100 + ab$

가 되고, 속산은 그것을 그대로 실행하고 있다.

연습문제 14

①   103   ②   106   ③   109
    × 105   × 106   × 108

문제 15

1001에서 1009까지의 두 수를 곱한다

　　①　　1002　　　　②　　1007
　　　×　1003　　　　　×　1009

코멘트

　바로 앞【문제 14】를 자세히 보면, 네번째 자리끼리의 곱셈도 같은 유형의 속산이 되는 것을 알 수 있다. 모두 천의 자리가 1, 백의 자리와 십의 자리가 0이기 때문에, 답은 암산으로도 가능하다. 이것과 비슷한 곱셈은 5 자릿수끼리나 6 자릿수들의 곱셈도 동일하다.

해답

①에서는, 우선 일의 자리끼리의 곱셈인

$2 \times 3 = 6$

을 아래 세자리에 쓰고, 일의 자리끼리의 덧셈인

$2 + 3 = 5$

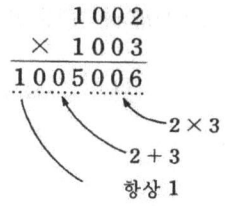

를 왼쪽 세 자리에 쓰고, 그 왼쪽 한 자리에 1을 쓴다. 그러면 이것이 곱셈의 답이다. 이 계산에서는 세 자리로 구분하는 것이 중요하다.

마찬가지로 ②에서는, 7×9를 아래 세 자리에 쓰고, $7+9$를 그 왼쪽 세 자리에 쓰게 된다.

이유는 다음과 같다. 일의 자릿수를 각각 a, b라 하면, 천의 자리가 1, 백의 자리와 십의 자리가 0인 두 수는

$1000+a$, $1000+b$이다.

그러므로 두 수의 곱은

$(1000+a)(1000+b) = 1000000 + (a+b) \times 1000 + ab$

가 되고, 속산은 그것을 그대로 실행하고 있다.

연습문제 15

①   1003
    × 1006

②   1005
    × 1005

③   1006
    × 1009

문제 16

111에서 119까지의 두 수를 곱한다

① 112
　× 116

② 114
　× 119

코멘트

　이 곱셈에서는 두 가지 방법의 조합을 사용할 수 있다. 백의 자리에 1이 없으면 11에서 19까지의 두 수를 곱하는 【문제 13】이 되고, 십의 자리의 1이 0이면 101에서 109까지의 두 수를 곱하는 【문제 14】가 되기 때문이다. 문제는 그 두 방법을 어떻게 조합시키는가에 있다.

해답

①에서는 먼저 두 자리의 12×16의 곱셈을 【문제 13】의 방법으로 계산하고, 그 답을 아래 세 자리에 쓴다. 다음에는 $112 + 16$의 덧셈은 그 답을 왼쪽 아래로 두 자리 올려서 쓴다. 그러면 이 두 수의 합이 곱셈의 답이 된다.

```
   112
 × 116
   192   ←12×16
   128   ←112+16
 12992
```

마찬가지로 ②에서는, 14×19의 답을 아래 세 자리에 쓰고, $114 + 19$의 답을 왼쪽 아래로 두 자리 올려서 쓴다. 그러면 그 합이 곱셈의 답이다.

```
   114
 × 119
   266   ←14×19
   133   ←114+19
 13566
```

이유는 다음과 같다. 각 수의 아래 2자리를 A, B라고 하면 백의 자리가 1이므로 이들 두 수는
$$100+A, \quad 100+B$$
이다. 그러므로 두 수의 곱은
$$(100+A)(100+B) = 10000 + 100(A+B) + AB$$
$$= \{(100+A)+B\} \times 100 + AB$$
가 되어 위의 속산이 된다.

연습문제 16

① 112   ② 118   ③ 117
  × 113   × 116   × 119

문제 17

1011에서 1019까지의 두 수를 곱한다

　①　 1012　　　　②　 1014
　　× 1016　　　　　× 1019

─ 코멘트 ─

　바로 앞의 【문제 16】를 보면, 완전히 비슷한 방법을 사용할 수 있다는 것을 알 수 있다. 이번에는 【문제 13】과 【문제 15】의 방법을 조합하면 된다. 이 답은 중간 계산 없이 바로 쓸 수 있으므로, 속산은 모르는 사람에게는 놀랍게 여겨진다.

해답

①에서는 먼저 아래 두 자리의 12×16의 곱셈을 하고, 그 답을 아래 세자리에 쓴다. 다음에는, 12+16의 덧셈 답을 그 왼쪽 세 자리에 쓰고, 그 왼쪽 한 자리에 1을 쓴다. 그러면 이것이 곱셈의 답이다.

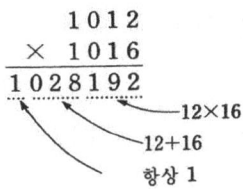

마찬가지로 ②에서는, 14×19를 계산해서 답을 하위 세 자리에 쓰고, 14+19의 답을 그 왼쪽 세 자리에 쓰고, 1을 가장 왼쪽 한 자리에 쓰면 된다. 이유는 다음과 같다.

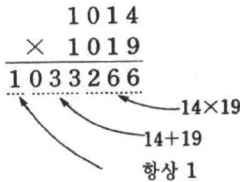

각 수의 하위 두 자리를 A, B라고 하면 1000이 1이고, 100이 0이므로 이들 두 수는
$$1000+A, \quad 1000+B$$
이다. 그러므로 두 수의 곱은
$$(1000+A)(1000+B) = 1000000 + (A+B) \times 1000 + AB$$
가 되며, 위의 속산이 가능하다.

연습문제 17

①   1012   ②   1018   ③   1017
    × 1013   × 1016   × 1019

문제 18

20단위의 수에 10단위의 수를 곱한다

　　① 　17　　　② 　28
　　　×24　　　　　×16

> **코멘트**
>
> 　두 자리끼리의 곱셈으로 한쪽 수의 십의 자리는 2, 다른 쪽의 수 십의 자리는 1이다. 이런 때는 【문제 13】의 방법을 조금 수정하면 답을 쉽게 얻을 수 있다. 그러나 그 수정은 아주 단순한 것이다. 이 정도의 속산은 역시 암산으로도 가능하다.

해답

①에선 24를
$$24 = 14 + 10$$
으로 보고,
$$17 \times 24 = 17 \times (14 + 10)$$
$$= 17 \times 14 + 17 \times 10$$
으로 고쳐 쓴다. 여기서 17×14에 170을 더하게 되어 오른쪽 속산이 가능하다. 여기에 17×14의 곱셈에는 【문제 13】의 방법을 사용한다.

```
    17
 ×  24
   238  ←17×14
 + 17
   408
```

마찬가지로 ②에서는 28을
$$28 = 18 + 10$$
으로 보고,
$$28 \times 16 = (18 + 10) \times 16$$
$$= 18 \times 16 + 16 \times 10$$
으로 바꾸어 쓴다. 여기서 18×16에 160을 더하게 되며 오른쪽의 속산이 가능하다. 또한 18×16의 답을 오른쪽에 한 자리 내려서 쓰면 원래의 16을 덧셈에서도 사용할 수 있고, 쓰는 수고를 조금 줄일 수 있다. 이것을 ①의 17×24의 곱셈에서도 순서를 24×17로 바꾸어 넣으면 된다.

```
    28
 ×  16
   288  ←18×16
   448
```

연습문제 18

①   13   ②   17   ③   29
     × 29   × 27   × 16

문제 19

110단위의 수에 10단위의 수를 곱한다

　　①　　13　　　②　　117
　　　×　116　　　　×　 18

┌─ 코멘트 ─────────────────┐
│   │
│   세 자리와 두 자리의 곱셈에도 세 자릿수의 백의 자리와 │
│ 십의 자리가 1이고, 두 자릿수의 십의 자리가 1일 때는 역 │
│ 시 【문제 13】의 방법을 사용할 수 있다. 그 수정은 【문제 │
│ 18】의 방법과 거의 동일하다.   │
│   │
└────────────────────────┘

해답

①에서는 116을
$$116 = 16 + 100$$
으로 보고
$$13 \times 116 = 13 \times (16 + 100)$$
$$= 13 \times 16 + 13 \times 100$$

```
   116
 ×  13
   208  ←16×13
  1508
```

으로 바꾸어 쓴다.

여기서 13×16에 1300을 더하는 방식으로 하여, 곱셈의 순서를 116×13으로 바꾸어 놓으면 오른쪽의 속산을 할 수 있다. 여기서 16×13의 곱셈은 【문제 13】의 방법을 사용하고, 그 답을 오른쪽에 두 자리 내려서 쓰면 13이 덧셈에도 사용된다.

마찬가지로 ②에서는, 17×18에 1800을 더한 것이 되어, 17×18의 답을 오른쪽에 두 자리 내려서 쓰면 역시 원래의 18을 덧셈에도 사용한 속산이 된다.

```
   117
 ×  18
   306  ←17×18
  2106
```

이와 같이 속산에서는 원래의 수를 사용하는 일이 가끔 있다.

연습문제 19

① 　　12　　② 　　115　　③ 　　119
　× 113　　　× 14　　　× 16

문제 20

일의 자리가 1인 두 수를 곱한다

1. 21
    × 61

2. 41
    × 91

> **코멘트**
>
> 일의 자리가 1이라고 해도 다루는 수는 모두 두 자리이다. 그러면 【문제 13】의 십의 자리와 일의 자리의 관계를 반대로 한 것이 문제이다. 그러므로 비슷한 속산을 사용할 수 있다. 물론 답은 암산으로도 가능하다.

해답

① 에서는 먼저 1을 하위 한 자리에 쓴다. 다음에는 2+6의 답을 그 왼쪽에 쓴다. 이때 합이 한 자릿수이므로, 그 왼쪽에 2×6의 답을 쓴다. 그러면 그것이 곱셈의 답이 된다.

```
    2 1
 ×  6 1
  1 2 8 1    ← 항상 1
        ↖ 2+6
         ↖ 2×6
```

② 에서는 먼저 1을 하위 한 자리에 쓴다. 다음에는 4+9를 그 왼쪽에 쓴다. 그러면 이번에는 두 자리를 해보자. 이때는 왼쪽 아래에 두 자리 올려서 4×9를 쓴다. 이 둘을 더한 것이 답이다. 이유는 다음과 같다.

```
    4 1
 ×  9 1
  1 3 1   ← 항상 1
  3 6    ↖ 4+9
  3 7 3 1 ↖ 4×9
```

십의 자릿수를 각각 a, b라고 하면, 일의 자리가 1인 두 수는

$$10a+1, \quad 10b+1$$

이다. 그러므로 두 수의 곱은

$$(10a+1)(10b+1) = 100ab + 10(a+b) + 1$$
$$= ab \times 100 + (a+b) \times 10 + 1$$

이 되어 위의 속산이 가능하다.

연습문제 20

①   21   ②   81   ③   71
   × 31   × 61   × 91

문제 21

10단위 두 수의 곱셈을 세 자리로 확장시킨다

$$\boxed{1} \quad \begin{array}{r} 131 \\ \times \ 12 \\ \hline \end{array} \qquad \boxed{2} \quad \begin{array}{r} 17 \\ \times \ 162 \\ \hline \end{array}$$

> **코멘트**
>
>   세 자릿수와 두 자릿수의 곱셈에서 세 자릿수의 1자리가 없으면 【문제 13】에서 기술한 10단위 두 수의 곱셈이다. 이것을 잘 보면 【문제 13】의 방법이 여기에서도 사용된다. 이때 【문제 19】의 방법에 주의하면 그 수정은 간단하다.

해답

①에서는, 131을
$$131 = 130 + 1$$
로 보고,
$$131 \times 12 = (130 + 1) \times 12$$
$$= 130 \times 12 + 12$$

로 쓴다. 여기서 130×12에 12를 더한 것이 되고, 130×12의 곱셈에 【문제 13】의 방법을 사용할 수 있다. 또한 이 답을 왼쪽에 한 자리 올려서 쓰면 원래의 덧셈에도 사용할 수 있다.

```
   131
 ×  12
   156   ←13×12
  1572
```

②에서는, 162를
$$162 = 160 + 2$$
로 보고 17×160에 17×2를 더한다.

여기서 우선 17×2의 답을 하위 두 자리에 쓰고, 다음에 17×16의 답을 왼쪽으로 한자리 올려서 쓴다. 그러면 이 합이 바로 답이다.

```
    17
 × 162
    34   ←17×2
   272   ←17×16
  2754
```

이렇게 생각하면 세 자릿수의 일의 자리가 1과 2가 아니라도 된다.

연습문제 21

①   141   ②   192   ③   16
    × 18   × 13   × 173

문제 22

십의 자리가 같고, 일의 자리의 합이 10이 되는 두 수를 곱한다.

```
  1️⃣   36        2️⃣   72
     × 34            × 78
```

┌─ 코멘트 ─
│
│ 먼저 보통 곱셈을 한다. 그 결과를 보고 있으면 놀라운 규칙을 발견하게 된다. 이것에 의하면 두 자리의 곱셈이 한 자리의 곱셈으로 분해된다. 이 곱셈은 속산 중에서 가장 통쾌한 속산의 하나이다.
│
└─

해답

①에서는 먼저 6×4의 답을 하위 두 자리에 쓰고, 그 왼쪽에 3×4의 답을 쓴다. 그러면 이것이 곱셈의 답이다. 이때 3×4 중의 4는 3에 1을 더한 것이다.

마찬가지로 ②에서는, 2×8을 하위 두 자리에 쓰고 그 왼쪽에 7×8을 쓴다. 대단히 통쾌한 계산이다.

이유는 다음과 같다.

10자리수를 a, 일의 자릿수를 각각 b, c 라고 하면 이들 두 수는

$$10a+b, \quad 10a+c$$

이다. 그러므로 이 곱은

$$(10a+b)(10a+c) = 100a^2 + 10a(b+c) + bc$$

로 쓴다. 이것은 하위 두 자릿수에 b와 c의 곱을 쓰고 상위 2자리에 a와 $a+1$의 곱을 쓰면 된다는 것을 의미한다.

```
   3 6
 × 3 4
 1 2 2 4
        ←─ 6×4
        ←─ 3×4

   7 2
 × 7 8
 5 6 1 6
        ←─ 2×8
        ←─ 7×8
```

[연습문제 22]

①   63   ②   24   ③   89
     × 67   × 26   × 81

문제 23

십의 자리가 같고, 일의 자리의 합이 11이 되는 두 수를 곱한다

```
  1    67        2    85
     × 64           × 86
```

> **코멘트**
>
> 십의 자리는 같은 수이지만 일의 자리의 합은 10이 되지 않는 수이다. 1만 많은 11이다. 그러므로 【문제 22】의 방법은 그대로는 사용하지 않고 수정이 약간 필요하다. 그러나 그 수정은 간단하다.

해답

①에서는 67을

$$67 = 66 + 1$$

로 보고,

$$67 \times 64 = (66+1) \times 64$$
$$= 66 \times 64 + 64$$

로 바꾸어 쓴다. 여기서 66×64에 64를 더한 것이 되고, 【문제 22】의 방법을 사용하면 오른쪽 속산이 된다.

```
   67
 ×  64
 4224  ←66×64
 4288
```

또한 덧셈에서는 원래의 64를 사용했다.

마찬가지로 ②에서는, 85를

$$85 = 84 + 1$$

로 보고, 84×86에 86을 더한다. 이와 같이 하면, 일의 자리의 합이 11이 되어도

```
   85
 ×  86
 7224  ←84×86
 7310
```

열의 자리가 같은 두 자리수의 덧셈은 간단하게 할 수 있다.

또한 이 속산에서 86을

$$86 = 85 + 1$$

로 보고, 85×85에 85를 더해도 되지만, 여기서는 85와 86의 순서를 바꾸어 넣지 않으면 원래의 85를 사용할 수 없다. 속산에서는 이러한 배려도 필요하다.

연습문제 23

①   38   ②   72   ③   94
    × 33   × 79   × 97

문제 24

십의 자리가 같고 일의 자리의 합이 9가 되는 두 수를 곱한다

①　　35　　　　②　　87
　　× 34　　　　　　× 82

코멘트

　십의 자리는 같은 수이지만, 일의 자리의 합은 9이다. 바로 앞의 【문제 23】에서는 일의 자리의 합이 11이었으니까 10에 대해서 1이 더 많거나 적거나의 차이이다. 그러므로 동일한 수정이 여기에서도 가능하다.

해답

①에서는, 34를
$$34 = 35 - 1$$
로 보고,
$$35 \times 34 = 35 \times (35 - 1)$$
$$= 35 \times 35 - 35$$

로 바꾸어 쓸 수 있다. 그러므로 35×35에서 35를 뺀 것이 되고, 오른쪽과 같은 속산이 된다. 여기서 35×35의 곱셈에는【문제 22】의 방법을 사용한다. 또한 여기서는 35를 빼주기 때문에 원래의 35를 뺄셈에는 사용하지 않고 다시 한번 쓰는 편이 간단하다.

```
    35
  × 34
  1225  ←35×35
  -  35
  1190
```

마찬가지로, ②에서는 82를
$$82 = 83 - 1$$
로 보고, 87×83에서 87를 뺀다. 단, 87을
$$87 = 88 - 1$$
로 보고, 88×82에서 82를 뺄 수도 있다.
어느 쪽으로 해도 똑같은 속산이므로 편한 쪽을 택하면 된다.

```
    87
  × 82
  7221  ←87×83
  -  87
  7134
```

연습문제 24

① 23
  × 26

② 42
  × 47

③ 78
  × 71

문제 25

십의 자리가 하나 다르고 일의 자리의 합이 10이 되는 두 수를 곱한다

1. 43
    × 37

2. 88
    × 92

> **코멘트**
>
> 일의 자리의 합은 10이지만, 십의 자리는 같지 않다. 그러나 자세히 보면 이 곱셈은 【문제 23】이나 【문제 24】와 비슷한 성질을 갖고 있다. 그러므로 약간의 수정만으로 【문제 22】의 방법을 사용할 수 있다.

해답

①에서는, 43을

$$43 = 33 + 10$$

으로 보고,

$$43 \times 37 = (33 + 10) \times 37$$
$$= 33 \times 37 + 10 \times 37$$

```
     43
   ×  37
   ─────
   1221   ←33×37
   1591
```

로 바꾸어 쓴다. 여기서 33×37에 370을 더한 것이 답이 되고, 33×37의 덧셈에 【문제 22】의 방법을 사용할 수 있다. 또한 답 1221을 오른쪽으로 한 자리 내려서 원래의 37을 덧셈에도 사용한다.

마찬가지로 ②에서는, 92를

$$92 = 82 + 10$$

```
     92
   ×  88
   ─────
   7216   ←82×88
   8096
```

으로 보고 88×82에 880을 더한 것으로 한다. 그리고 곱셈의 순서를 92×88로 바꾸고, 원래의 88을 덧셈에도 사용한다.

이와 같이 큰 쪽의 수를 위로 두면 쓰는 수고를 덜 수 있다.

연습문제 25

①　　48　　　②　　77　　　③　　96
　　×　52　　　　　×　83　　　　　×　84

문제 26

십의 자리가 같고, 일의 자리의 합이 10이 되는 곱셈을 세 자리로 넓힌다

①   27   ②   941
× 123   × 96

― 코멘트 ―

　두 자리와 세 자리의 곱셈이지만, ①에서는 세 자리수의 100자리가 없으면 【문제 22】와 같은 곱셈이다. 그리고 ②에서는 3자리수의 1자리가 없으면 역시 【문제 22】와 같은 곱셈이다. 그러므로 약간의 수정만으로 어느 쪽이든 【문제 22】의 방법을 사용할 수 있다.

해답

①에서는 123을

$$123 = 23 + 100$$

로 보고,

$$27 \times 123 = 27 \times (23 + 100)$$
$$= 27 \times 23 + 27 \times 100$$

으로 바꾸어 쓴다. 이것은 27×23에 2700을 더한 것이 되고, 27×23의 곱셈에 【문제 22】의 방법을 사용할 수 있다. 또한 곱셈의 순서를 123×27로 바꾸어 놓고, 23×27의 답을 오른쪽으로 두 자리 내려서 쓰면 원래의 27을 덧셈에도 사용할 수 있다.

```
   123
 ×  27
   621  ←23×27
  3321
```

②에서는, 941을

$$941 = 940 + 1$$

로 보고 940×96에 96을 더한다. 그러면 940×96의 곱셈에 【문제 22】의 방법을 사용할 수 있다.

```
    941
 ×   96
   9024  ←94×96
  90336
```

그리고 이 속산에서도 원래의 96을 덧셈에 사용한다. 이와 같이 하면 십의 자리가 같고, 일의 자리의 합이 10이 되는 곱셈은 여러 가지 형식으로 응용할 수 있다.

연습문제 26

①   51   ②   154   ③   72
    × 159   × 56   × 781

문제 27

백의 자리가 1, 십의 자리가 같고 일의 자리의 합이 10이 되는 두 수를 곱한다

$\boxed{1}$ 134
   × 136

$\boxed{2}$ 187
   × 183

코멘트

　세 자리와 세 자리의 곱셈이다. 백의 자리의 1이 모두 없으면 【문제 22】와 같은 곱셈이다. 한편 11에서 19까지의 두 수의 곱셈을 【문제 13】을 참조한다. 여기서 이 두 가지 방법을 잘 조합하면 손쉽게 답을 얻을 수 있다.

해답

백의 자리와 십의 자리를 합한 두 자릿수를 A, 일의 자릿수를 각각 b, c라 하면 두 수는
$$10A+b, \quad 10A+c$$
가 된다. 그러므로 그 곱은
$$(10A+b)(10A+c)=100A^2+10A(b+c)+bc$$
$$=100A^2+100A+bc$$
$$=A(A+1)\times 100+bc$$

가 된다. 여기에 $b+c=10$을 사용한다. 이렇게 해서 ①에서는 먼저 4×6의 답을 하위 두 자리에 쓰고, 그 왼쪽에 13×14의 답을 쓴다. 이때 13×14의 곱셈에는 【문제 13】의 방법을 사용한다.

마찬가지로 ②에서는 우선 7×3을 하위 두 자리에 쓰고 그 왼쪽에 18×19의 답을 쓴다.

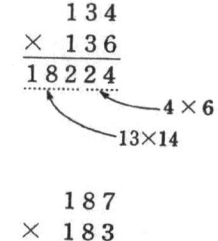

이와 같이 세 자리끼리의 곱셈이 순식간에 끝날 수가 있다.

연습문제 27

①   112   ②   147   ③   174
    × 118   × 143   × 176

문제 28

일의 자리가 같고 십의 자리의 합이 10이 되는 두 수를 곱한다

```
   ① 　 63          ② 　 87
      × 43             × 27
```

> **코멘트**
>
> 일의 자리와 십의 자리의 관계가 【문제 22】의 반대 경우이다. 그러므로 속산의 내용은 변했지만, 독특한 방법이 있다. 먼저 보통 곱셈으로 그 특징을 찾아 보자.

해답

①에서는 먼저 3×3의 답을 하위 두 자리에 쓰고, 다음에는 6×4에 3을 더한 답을 그 왼쪽에 쓴다. 그러면 이것이 곱셈의 답이다.

```
  6 3
× 4 3
2 7 0 9
```
→ 3×3
→ 6×4+3

마찬가지로 ②에서는, 먼저 7×7을 하위 두 자리에 쓰고 8×2+7을 그 왼쪽에 쓴다. 이것이 답이다.

```
  8 7
× 2 7
2 3 4 9
```
→ 7×7
→ 8×2+7

그 이유는 다음과 같다.

일의 자릿수를 a, 십의 자릿수를 각각 b, c라 하면 두 수는
$$10b+a, \quad 10c+a$$
가 된다. 그러므로 두 수의 곱은
$$(10b+a)(10c+a) = 100bc + 10(b+c)a + a^2$$
$$= 100bc + 100a + a^2$$
$$= (bc+a) \times 100 + a^2$$
이 되고, 속산의 내용과 일치한다. 여기에 $b+c=10$을 사용한다.

연습문제 28

① $\begin{array}{r} 36 \\ \times\ 76 \\ \hline \end{array}$ ② $\begin{array}{r} 44 \\ \times\ 64 \\ \hline \end{array}$ ③ $\begin{array}{r} 98 \\ \times\ 18 \\ \hline \end{array}$

문제 29

일의 자리가 같고, 십의 자리의 합이 11의 되는 두 수를 곱한다

```
  1    46        2    37
     × 76           × 87
```

코멘트

일의 자리는 같은 수이지만, 십의 자리의 합은 10이 되지 않는다. 1이 많은 11이다. 그러므로 【문제 28】을 사용하기 위해서는 약간의 수정이 필요하다.

해답

①에서는, 46을
$$46 = 36 + 10$$
으로 보고
$$46 \times 76 = (36 + 10) \times 76$$
$$= 36 \times 76 + 10 \times 76$$

으로 바꾸어 쓴다. 이제 36×76에 760을 더한 것이 되고, 오른쪽의 속산과 같다. 더욱이 36×76의 곱셈에는 【문제 28】의 방법을 사용하고 이 답을 한 자리 오른쪽으로 내려서 쓴다. 그러면 원래의 76이 덧셈에도 사용된다.

```
    46
  × 76
  ─────
  2736   ←36×76
  3496
```

마찬가지로 ②에서는, 37을
$$37 = 27 + 10$$
으로 보고, 27×87에 870을 더한다. 이 때도 27×87을 오른쪽에 한 자리 내려서 쓰면 원래의 87을 덧셈에도 사용할 수 있다.

```
    37
  × 87
  ─────
  2349   ←27×87
  3219
```

또한 이 방법은 일의 자리와 십의 자리를 그대로 바꾸어 놓으면 【문제 23】의 방법을 이용할 수 있다.

연습문제 29

① 33 × 83
② 97 × 27
③ 54 × 64

문제 30

일의 자리가 같고 십의 자리의 합이 9가 되는 두 수를 곱한다

①　　38　　　　②　　29
　　× 68　　　　　　× 79

코멘트

일의 자리는 같은 수이지만, 십의 자리의 합은 9이다. 바로 앞의 【문제 29】에서는 십의 자리의 합이 11이었으므로, 10에 대해서 1이 적은 관계이다. 이 때문에 【문제 29】와 같은 방법으로 수정을 가할 수 있다.

해답

①에서는 38을
$$38 = 48 - 10$$
으로 보고
$$38 \times 68 = (48 - 10) \times 68$$
$$= 48 \times 68 - 10 \times 68$$

로 바꾸어 쓸 수 있다. 여기서 48×68에서 680을 뺀 것이 되어 오른쪽이 속산이 된다. 여기에 48×68의 곱셈은 【문제 28】의 방법으로 구한다.

```
    38
  × 68
  3264   ←48×68
 -  68
  2584
```

마찬가지로 ②에서는, 29를
$$29 = 39 - 10$$
로 보고, 39×79에서 790을 뺀다. 이렇게 해서 오른쪽 속산이 가능하다. 또한 790을 뺄 때에 79를 왼쪽으로 한 자리 올려서 쓰면 일의 자리의 0은 쓸 필요가 없다.

```
    29
  × 79
  3081   ←39×79
 -  79
  2291
```

이렇게 해서 가능한 한 수고를 줄이는 것이 속산에서는 중요하다.

연습문제 30

①   45   ②   17   ③   26
    × 55   × 87   × 76

문제 31

일의 자리가 하나 차이고 10의 자리의 합이 10이 되는 두 수를 곱한다

①   34
     × 73

②   49
     × 68

코멘트

십의 자리의 합은 10이지만, 일의 자리는 1이 다르다. 그러나 약간의 수정으로 【문제 28】의 방법을 사용할 수 있다. 이 문제는 【문제 25】의 십의 자리와 일의 자리의 관계를 역전시킨 것이다.

해답

①에서는 34를

$$34 = 33 + 1$$

로 보고,

$$34 \times 73 = (33+1) \times 73$$
$$33 \times 73 + 73$$

으로 바꾸어 쓸 수 있다. 여기서 33×73에 73을 더한 것이 되어 33×73의 곱셈에 【문제 28】의 방법을 사용하면 된다.

그리고 73의 덧셈에는 원래의 73을 사용한다.

```
    34
  × 73
  ────
  2409   ← 33×73
  2482
```

마찬가지로 ②에서는 49를

$$49 = 48 + 1$$

로 보고, 48×68에 68을 더한다. 그리고 원래의 68을 사용한 덧셈을 하면, 오른쪽의 속산이 된다. 이때 49×68의 곱셈에서도 순서를 68×49로 바꾸어 놓고 계산한다.

```
    49
  × 68
  ────
  3264   ← 48×68
  3332
```

연습문제 31

① 86
  × 27

② 32
  × 71

③ 56
  × 57

문제 32

일의 자리가 같고, 십의 자리의 합이 10이 되는 곱셈을 세 자리로 넓힌다

①   72　　　　②   491
　　× 232　　　　　　× 69

코멘트

　두 자리와 세 자리의 곱셈이지만, ①에서는 세 자리수의 100자리가 없으면 【문제 28】과 같은 곱셈이다. ②에서는, 세 자리수의 1자리가 없으면 역시 【문제 28】과 같은 곱셈이다. 이런 데에도 속산의 단서는 있다.

해답

①에서는 232를
$$232 = 32 + 200$$
으로 보고,
$$72 \times 232 = 72 \times (32 + 200)$$
$$72 \times 32 + 72 \times 200$$
으로 바꾸어 쓴다. 여기서 72×32에 72× 200을 더한 것이 답이 되며, 72×32의 곱셈에 【문제 28】의 방법이 사용된다.

그리고 72×200의 곱셈은 72×2의 답을 왼쪽으로 두 자리 올려서 쓰면 된다.

```
    72
 × 232
  2304  ←72×32
  144
 16704
```

②에서는, 491을
$$491 = 490 + 1$$
로 보고, 490×69에 69를 더한 것으로 한다.

```
   491
 ×  69
  3381  ←49×69
 33879
```

그러면 490×69의 곱셈은 【문제 28】의 방법을 사용하고 49×69의 답을 왼쪽으로 한 자리 올려서 쓴다. 이것으로 원래의 69도 덧셈에 사용될 수 있다.

연습문제 32

①   23   ②   264   ③   27
    × 183   × 44   × 871

문제 33

5와 25를 곱한다

①   1234
   ×   5

②   7654
   × 25

> **코멘트**
>
> 곱셈에서는 5와 25는 특수한 수라고 생각한다. 5의 2배는 10, 25의 4배는 100으로 어느 쪽이든 알맞은 수가 되기 때문이다. 그러므로 훌륭한 속산이 될 수 있다.

해답

①에서는

$$5 = 10 \div 2$$

를 이용해서

$$1234 \times 5 = 1234 \times (10 \div 2)$$
$$= 12340 \div 2$$

로 바꾸어 쓴다. 1234의 10배를 2로 나눈 것이 되고 오른쪽의 속산이 된다.

이것은 어떤 수를 5배 하는 것보다도, 그 수의 10배를 2로 나누는 편이 좀더 간단하기 때문이다.

$$\begin{array}{r} 6170 \\ 2\overline{)12340} \end{array}$$

②에서는

$$25 = 100 \div 4$$

를 이용해서

$$7654 \times 25 = 7654 \times (100 \div 4)$$
$$765400 \div 4$$

로 바꾸어 쓸 수 있다. 그러므로 7654의 100배를 4로 나눈 것이 되어 오른쪽 속산을 할 수 있다.

이번에는 2자리의 곱셈이므로 25를 곱하는 것보다, 4로 나누는 편이 좀더 간단하다.

$$\begin{array}{r} 191350 \\ 4\overline{)765400} \end{array}$$

연습문제 33

①   792
     ×   5

②   857
     × 25

③   3276
     × 25

문제 34

125와 375를 곱한다

① 532   ② 254
  × 125   × 375

┌─ 코멘트 ─────────────────────────┐
│   │
│ 125는 25의 5배이고, 이것을 8배하면 1000이 된다. 그리 │
│ 고 375는 125에 250을 더한 것이다. 이러한 성질로 보아 │
│ 바로 앞의 【문제 33】과 비슷한 속산이 가능하다.   │
│   │
└──────────────────────────────┘

해답

①에서는
$$125 = 1000 \div 8$$
을 이용해서
$$532 \times 125 = 532 \times (1000 \div 8)$$
$$= 532000 \div 8$$

로 바꾸어 쓴다. 그러니까 532의 1000배를 8로 나눈 것이 되어 오른쪽과 같은 속산이 된다.

$$\begin{array}{r} 66500 \\ 8\overline{)532000} \end{array}$$

즉, 물론 어떤 수를 125배 하는 것보다는 그 수의 1000배를 8로 나누는 쪽이 훨씬 간단하다.

②에서는
$$375 = 125 + 250$$
를 이용해서 254의 1000배를 8로 나눈 것과 254의 100배를 4로 나눈 것을 왼쪽으로 한 자리 올려서 더한다. 이것이 오른쪽의 속산이다.

$$\begin{array}{r} 254 \\ \times\ 375 \\ \hline 31750 \\ 6350 \\ \hline 95250 \end{array} \begin{array}{l} \leftarrow 254000 \div 8 \\ \leftarrow 25400 \div 4 \end{array}$$

그리고 375배의 속산과 같은 방법을 사용하면, 275배나 675배 등의 속산도 가능하다.

연습문제 34

① 125 × 273   ② 847 × 375   ③ 625 × 426

문제 35

25에 가까운 수를 곱한다

① 732
  × 24

② 2648
  × 26

코멘트

25에 가까운 수라는 것은 24와 26을 말한다. 그리고 암산이 자신 있으면 23이나 27도 넣을 수 있다. 이와 같은 수를 곱할 때는 25와의 차이를 잘 수정하면 【문제 33】의 방법을 사용할 수 있다.

| 해답 |

①에서는 24를
$$24 = 25 - 1$$
로 보고
$$732 \times 24 = 732 \times (25-1)$$
$$= 732 \times 25 - 732$$
로 바꾸어 쓴다. 그러니까 732×25에서 732를 뺀 것이 되며, 732×25의 곱셈에 【문제 33】의 방법이 사용된다.

```
    732
 ×   24
  18300   ←732×25
 -  732
  17568
```

마찬가지로 ②에서는, 26을
$$26 = 25 + 1$$
로 보고 2648×25에 2648을 더한 것으로 한다. 그리고 곱셈의 순서를 26×2648로 바꾸어 놓으면, 원래의 2648도 덧셈에 사용한다. 이렇게 해서 오른쪽 속산이 가능하다.

```
     26
 × 2648
  66200   ←25×2648
  68848
```

그리고 어떤 수를 27배 할 때는 27을
$$27 = 25 + 2$$
로 보고, 위와 마찬가지로 속산을 한다.

| 연습문제 35 |

① 648
  × 24

② 26
  × 329

③ 873
  × 26

문제 36

125에 가까운 수를 곱한다

⑴　632
　× 126

⑵　829
　× 135

─ 코멘트 ─

　125에 가까운 수는 124와 126이다. 그리고 십의 자리의 수가 1만 틀린 115와 135도, 비슷한 속산이 가능하기 때문에 125에 가까운 수로 해석한다. 이들 수를 곱하기 위해서는 125배의 속산을 기본으로 약간만 수정한다.

제2장 속산으로 곱셈을 한다 87

> **해답**

① 에서는 126은
    $126 = 125 + 1$
로 보고
    $632 \times 126 = 632 \times (125 + 1)$
    $\qquad\qquad\quad = 632 \times 125 + 632$
로 바꾸어 쓴다. 그러므로 632×125 에 632를 더한 것이 되며, 오른쪽 속산이 된다.

```
    126
  ×  632
   79000   ←632000÷8
   79632
```

그리고 곱셈의 순서를 126×632 로 바꾸어 놓고서, 원래의 632를 덧셈에도 사용한다.

② 에서는, 135를
    $135 = 125 + 10$
으로 보고,

829×125 에 8290을 더한 것으로 한다. 여기서 곱셈의 순서를 135×829 로 바꾸어 놓고, 125×825 의 답을 오른쪽으로 1자리 내려서 쓴다. 그러면 원래의 829가 덧셈에도 사용될 수 있어서 위의 속산을 할 수 있다.

```
    135
  ×  829
  103625   ←829000÷8
  111915
```

> **연습문제 36**
>
> ①   465   ②   126   ③   547
>   × 124   × 892   × 115

문제 37

두 자리의 나란히수를 곱한다

①   426   ②   2544
      × 33   × 88

─ 코멘트 ─

나란히수란 것은, 33이나 88과 같이 같은 숫자가 붙어서 나란히 연속되는 수이다. 이때는 다른 한쪽의 수가 몇 자리일지라도 비슷한 속산방법이 있다. 몇 개의 곱셈을 해보면 반드시 그 방법을 발견할 수 있다. ①일 경우는 426×3 의 답을 2개 병렬한 것은 아니다.

해답

①에서는, 먼저 6×3의 답을 하위 2자리에 쓴다. 다음에는 (2+6)×3의 답을 왼쪽 아래로 한 자리 올려서 쓴다. 다음에 (4+2)×3의 답을 다시 왼쪽 아래로 한 자리 올려서 쓴다. 마지막으로, 4×3의 답을 다시 왼쪽 아래로 한 자리 올려서 쓰고, 이들 모두를 더하면 곱셈의 답이 된다.

```
    426
 ×   33
     18  ←6×3
     24  ←(2+6)×3
     18  ←(4+2)×3
     12  ←4×3
  14058
```

마찬가지 방법으로 하여 ②에서는, 4, (4+4), (5+4), (2+5), 2의 순서로 8을 곱하고, 그 답을 왼쪽 아래로 한 자리씩 올려서 쓰고 이들을 더한 것이 곱셈의 답이다.

```
   2544
 ×   88
     32  ←4×8
     64  ←(4+4)×8
     72  ←(5+4)×8
     56  ←(2+5)×8
     16  ←2×8
 223872
```

그 이유는 예를 들면 ①의 (2+6)×3을 십의 자리의 2와 일의 자리의 3의 곱셈과 일의 자리의 6과 십의 자리의 3의 곱셈이 동시에 실행될 것이 분명하기 때문이다.

```
  4 2 6
     ╳
    3 3
(2+6)×3
```

연습문제 37

① 542
  × 77

② 782
  × 44

③ 857
  × 66

문제 38

3자리의 나란히수를 곱한다

①　235
×　444

②　2163
×　666

코멘트

　나란히수의 곱셈은 3자리가 되어도 거의 같다. 그러나 계산은 조금 번거러워지므로 속산의 효과가 희박하다. 그리고 이렇게 되면 다른 상식적인 방법도 유력해진다.

해답

①에서는 먼저 5×4의 답을 하위 두 자리에 쓰고, 다음에 (3+5)×4의 답을 왼쪽 아래로 한 자리 올려서 쓰고, 다음은 (2+3+5)×4의 답을 왼쪽 아래로 한 자리 올려서 쓰고, 그리고 (2+3)×4의 답을 왼쪽 아래로 한 자리 올려서 쓰고, 다음은 2×4를 왼쪽 아래로 한 자리 올려서 쓴다. 그리고 마지막으로 이것들을 모두 합치면 답이 된다.

```
       235
    ×  444
        20   ←5×4
        32   ←(3+5)×4
        40   ←(2+3+5)×4
        20   ←(2+3)×4
         8   ←2×4
    104340
```

②에서는 좀더 직관적인 다른 방법을 사용한다.

먼저, 2163×6의 곱셈을 한다. 이것은 한 자리수를 곱하기 때문에 암산으로도 가능하다. 다음에 그 답을 왼쪽 아래로 한 자리 올려서 쓰고 다시 같은 답을 왼쪽 아래로 한 자리 올려서 쓴다. 이것들을 합치면 곱셈의 답이다.

```
      2163
   ×   666
     12978  ←2163×6
     12978
     12978
   1440558
```

이 방법을 사용하면 나란히수가 몇자리라 해도 마찬가지이다.

연습문제 38

①   548   ②   333   ③   888
    × 777   × 284   × 4657

문제 39

나란히수에 가까운 수를 곱한다

①   352
    × 78

②   612
    × 43

코멘트

78은 나란히수는 아니지만, 1을 빼면 나란히수이다. 그리고 43도 10을 빼면 나란히수이다. 이같이 나란히수에 가까운 수를 곱할 때는 아주 조금만 수정하면 【문제 37】이나 【문제 38】의 방법이 사용될 수 있다.

해답

①에서는 78을

$$78 = 77 + 1$$

로 보고

$$352 \times 78 = 352 \times (77 + 1)$$
$$= 352 \times 77 + 352$$

```
     78
  ×  352
     14   ←2×7
     49   ←(5+2)×7
     56   ←(3+5)×7
     21   ←3×7
  27456
```

로 바꾸어 쓴다. 그리고나서 352×77에 352를 더한 것이 되고, 352×77의 곱셈에 【문제 37】의 방법을 사용한다. 그리고 곱셈의 순서를 78×352로 바꾸어 놓고, 원래의 352를 덧셈에도 사용된다.

②에서는, 43을

$$43 = 33 + 10$$

으로 보고, 612×33에 612×10을 더한 것으로 한다.

```
      43
   ×  612
    1836   ←612×3
    1836
   26316
```

그리고 612×33의 곱셈에 【문제 38】의 나중 방법을 사용해 본다. 이때 곱셈 순서를 역시 43×612로 바꾸어 놓으면, 원래의 612를 덧셈에도 사용할 수 있어서 위의 속산이 가능하다.

연습문제 39

① 234
　× 67

② 743
　× 98

③ 1564
　× 56

문제 40

십의 자리와 일의 자리의 합이 9가 되는 수를 곱한다

①   453
   × 27

②   3086
  ×   54

코멘트

2와 7의 합은 9, 5와 4의 합도 9이다. 이처럼 십의 자리와 일의 자리의 합이 9가 되는 두 자리의 수를 곱할 때는, 나란히수의 곱셈과 비슷한 방법이 사용된다. 27은 30에서 3을 뺀 것이고, 54는 60에서 6을 뺀 것이 되기 때문이다.

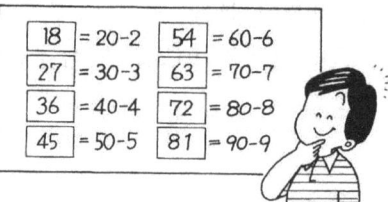

| 해답 |

①에서는, 27을
$$27 = 30 - 3$$
으로 보고,
$$453 \times 27 = 453 \times (30 - 3)$$
$$= 453 \times 30 - 453 \times 3$$
으로 바꾸어 쓴다. 그럼으로써 453×30 에서 453×3을 뺀 것이 되며, 오른쪽의 속산이 된다. 이 속산은 뺄셈을 하므로 453×3의 답을 왼쪽으로 한 자리 올려서 쓰고, 같은 답을 오른쪽으로 한 자리 내려서 쓴다.

```
      453
   ×   27
     1359    ←453×3
   − 1359
    12231
```

②에서는, 54를
$$54 = 60 - 6$$
으로 보고, 3086×60에서 3086×6을 뺀 것으로 한다. 그리고, 우선 3086×6의 답을 왼쪽으로 한 자리 올려서 쓰고, 같은 답을 오른쪽 아래 한자리 내려서 쓴다. 이렇게 하면 뺄셈이 바로 가능하다.

```
     3086
   ×   54
    18516   ←3086×6
  − 18516
   166644
```

| 연습문제 40 |

① 387
  × 36

② 426
  × 45

③ 739
  × 63

문제 41

100에 가까운 두 수를 곱한다(1)

$$\boxed{1} \quad \begin{array}{r} 96 \\ \times\ 97 \\ \hline \end{array} \qquad \boxed{2} \quad \begin{array}{r} 103 \\ \times\ 108 \\ \hline \end{array}$$

― 코멘트 ―

 100에 가까운 두 수를 곱할 때는 '앗!'하고 놀랄만한 속산을 할 수 있다. 모르면 좀처럼 알 수 없지만, 거의 순식간에 계산할 수 있다. 우선 양쪽 모두 100보다 작거나, 양쪽 모두 100보다 커야 한다. 이런 속산을 할 수 있는 것도 매력이라 할 수 있다.

해답

1에서는, 100과의 차인 4와 3을 취하고, 4×3의 답을 하위 두 자리에 쓴다. 다음에는 4+3을 100에서 빼고, 그 답을 왼쪽에 쓴다. 그러면 이것이 곱셈의 답이다.

```
    9 6
 ×  9 7
  9 3 1 2
```
- 4×3
- 100−(4+3)

2에서는 100과의 차이인 3과 8을 취하고, 3×8의 답을 하위 두 자리에 쓴다. 다음에는 3+8을 100에 더하고 그 답을 왼쪽에 쓴다. 그러면 이것이 곱셈의 답이다. 그 이유는 다음과 같다.

```
    1 0 3
 ×  1 0 8
  1 1 1 2 4
```
- 3×8
- 100+(3+8)

100에 가까운 두 수를

$$100+a, \quad 100+b$$

로 하면, 그 곱은

$$(100+a)(100+b) = 10000 + 100(a+b) + ab$$
$$= \{100+(a+b)\} \times 100 + ab$$

이다. 그러니까 ab는 하위 두 자리수, $100+(a+b)$는 상위 두 자리수가 된다. 이때 a와 b가 양쪽 모두 마이너스나 플러스 한 것이 여기서의 속산이다.

연습문제 41

① 94 × 93   ② 108 × 109   ③ 107 × 112

문제 42

100에 가까운 두 수를 곱한다(2)

①   107
     × 94

②   92
     × 106

코멘트

100에 가까운 2수의 곱셈에서도 한쪽은 100보다 작고, 다른 한쪽은 100보다 크면 속산의 내용이 상당히 변한다. 바로 앞의 【문제 41】보다는 좀더 번거로워지지만, 역시 속산의 효과는 있다.

해답

①에서는, 각각의 수에서 100을 빼서 7과 −6을 구한다. 그리고 7과 −6의 합을 100에 더하고, 왼쪽으로 두 자리 올려서 쓴다. 다음에는 7과 −6을 곱하고, 이것을 더하지만, 한쪽이 마이너스이므로 실제로는 7×6의 답을 위에서 빼는 결과가 된다. 그래서 오른쪽으로 두 자리 내려서 쓰고 위와 같은 속산을 한다.

```
    107
  ×  94
    101    ←100+(7−6)
  −  42   ←7×6
   10058
```

```
     92
  × 106
     98    ←100+(−8+6)
  −  48   ←8×6
    9752
```

그리고 101을 구하기 위해서는 107 −6으로 해도 상관없다.

②에서는 각 수에서 100을 빼면 −8과 6이다. 여기서 −8과 6의 합인 −2를 100에 더하고, 왼쪽으로 두 자리 올려서 쓴다. 다음에는 8과 6을 곱하고 오른쪽으로 두 자리 내려서 위에서 뺀다.

이와 같이 한쪽이 100보다 크고 다른 한쪽이 100보다 작을 때는 【문제 41】보다 좀 복잡하다. 그러나 속산의 배경은 완전히 같다.

연습문제 42

① 　94　　② 　89　　③ 　113
　×109　　　×107　　　× 96

문제 43

백의 자리가 같고 십의 자리가 0인 두 수를 곱한다

1️⃣   204
   × 208

2️⃣   703
   × 705

코멘트

1️⃣에서는, 백의 자리는 양쪽 모두 2이고, 십의 자리는 0인 세 자리의 두 수의 곱셈이다. 2️⃣에서도 백의 자리는 양쪽 모두 7이고, 십의 자리는 0이다. 이와 같은 세 자릿수의 곱셈은 답이 쉽게 나오는 속산이다. 우선 보통 곱셈을 해서 그 성질을 찾아 내자.

해답

① 에서는, 먼저 4×8의 답을 하위 두 자리에 쓰고, 다음에 $4+8$의 두 배를 그 왼쪽 두 자리에 쓰고, 마지막으로 2×2의 답을 그 왼쪽에 쓴다 그러면 이것이 곱셈의 답이다.

마찬가지로, ② 에서는 먼저 3×5를 하위 두 자리에 쓰고, 다음에는 $3+5$의 7배를 그 왼쪽 2자리에 쓰고, 마지막으로 7×7을 그 왼쪽에 쓴다. 그러면 이것이 답이다.

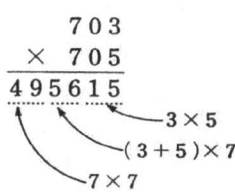

그 이유는 다음과 같다.

백의 자릿수를 a, 일의 자릿수를 각각 b, c 라 하면 두 수는
$$100a+b, \quad 100a+c$$
이다. 그러므로 두 수의 곱은
$$(100a+b)(100a+c) = 10000a^2 + 100a(b+c) + bc$$
$$= a^2 \times 10000 + a(b+c) \times 100 + bc$$
이다. 이 결과를 그대로 실행한 것이 속산이다.

연습문제 43

① 206
　× 208

② 407
　× 409

③ 805
　× 809

문제 44

1000에 가까운 두 수를 곱한다

  1   992   2   1013
    × 987   × 1009

― 코멘트 ―

1000에 가까운 두 수의 곱셈으로 1에서는 양쪽 모두 1000보다 작고, 2는 양쪽 모두 1000보다 크다. 이들 곱셈은 【문제 41】의 방법과 같이 할 수 있다. 그러나 네 자리끼리의 곱셈을 순식간에 할 수 있기 때문에 매우 통쾌하다.

해답

①에서는, 양쪽 수 모두가 1000보다 작고, 그 차는 각각 8과 13이다. 여기서 먼저 8×13의 답을 하위 세 자리에 쓰고, 다음에 1000−(8+13)의 답을 그 왼쪽에 쓴다. 그러면 곱셈의 답이 된다.

```
    992
  × 987
  979104
```
    ↖ 8×13
    ↖ 1000−(8+13)

그리고 왼쪽 세 자리의 계산에서는 992−13으로 하는 것이 간단하다.

②에서는, 양쪽 수 모두 1000보다 크고 그 차는 각각 13과 9이다. 여기서 먼저 13×9를 하위 3자리에 쓰고, 다음에는 1000+(13+9)를 그 왼쪽에 쓴다. 그러면 이것이 곱셈의 답이 된다.

```
    1013
  × 1009
  1022117
```
    ↖ 13×9
    ↖ 1000+(13+9)

그리고 ①과 같이, 왼쪽 세 자리의 계산을 1013+9로 하는 편이 간단하다. 또한 이 속산의 이유는 【문제 41】의 자릿수를 한 자리 올렸을 뿐이므로 설명할 필요는 없을 것이다.

연습문제 44

①   995   ②   1012   ③   1007
     × 987   × 1013   × 996

문제 45

10에 가까운 수를 곱한다

　　① 　356　　　② 　827
　　　× 9　　　　　 × 11

> **코멘트**
>
> 　10에 가까운 수라고 하는 것은, 9나 11을 말한다. 이들 곱셈에서는 보통으로 곱해도 별로 어렵지 않지만, 역시 궁리를 해가면서 계산할 필요가 있다. 이러한 궁리가 100에 가까운 수를 곱할 때에도 사용할 수 있기 때문이다.

해답

①에서는 9를
$$9 = 10 - 1$$
로 보고,
$$356 \times 9 = 356 \times (10-1)$$
$$= 356 \times 10 - 356$$

으로 바꾸어 쓴다. 그러면 이것은 【문제 40】의 특별한 경우가 되는 것을 알 수 있다. 거기서 곱셈의 순서를 9×356으로 바꾸어 놓고, 356의 오른쪽으로 1자리 내려서 356을 다시 하나 쓴다. 그리고 위의 356에서 아래의 356을 빼면 답이 된다.

```
    9
×  356
-  356
  3204
```

②는 【문제 37】의 나란히수의 곱셈과 같다. 여기서, 곱셈의 순서를 11×827로 바꾸어 놓고, 827의 왼쪽으로 1자리 올려서 827을 다시 한번 쓴다. 그리고 2개의 827을 더하면 답이 된다.

```
    11
×  827
   827
  9097
```

연습문제 45

① 769
  × 9

② 3263
  × 9

③ 4692
  × 11

문제 46

100에 가까운 수를 곱한다

①   436
     × 98

②   647
     × 101

코멘트

  10에 가까운 수와 같이, 어떤 수와 100에 가까운 수를 곱할 때도 간단한 속산을 할 수 있다. 100을 기준으로 해서 그 차이를 수정하면 되기 때문이다. 이때 곱셈의 수를 고려해서 원래의 수를 다시 이용할 수 있다.

해답

①에서는, 98을
$$98 = 100 - 2$$
로 보고
$$436 \times 98 = 436 \times (100 - 2)$$
$$= 436 \times 100 - 436 \times 2$$

로 바꾸어 쓴다. 그러니까 436×100 에서 436×2를 뺀 것이 되고, 오른쪽의 속산이 된다.

```
     98
  × 436
  -  872   ←436×2
   42728
```

그리고 곱셈의 순서를 98×436으로 바꾸어 놓고, 원래의 436을 뺄셈에도 사용한다.

②에서는, 순서를 101×647로 바꾸어 원래의 647의 왼쪽으로 2자리 올려서 다시 한번 647을 쓴다. 이 둘을 더하면 곱셈의 답이다.

```
    101
  × 647
    647
  65347
```

그리고 102나 103을 곱할 때도 같은 속산이 된다.

연습문제 46

① 4253
  × 102

② 8632
  × 99

③ 2497
  × 97

문제 47

알맞게 가까운 수를 곱한다

    ① 　 347　　　② 　 4373
       × 39　　　　　× 78

> **코멘트**
>
> 10이나 100에 가깝지 않아도, 알맞게 가까운 수이면, 비슷한 속산을 할 수 있다. 이 문제의 39는 40에 가깝고, 78은 80에 가까우므로 알맞게 가까운 수의 곱셈이 되는 것이다.

해답

①에서는 39를

$$39 = 40 - 1$$

로 보고,

$$347 \times 39 = 347 \times (40 - 1)$$
$$= 347 \times 40 - 347$$

로 바꾸어 쓴다. 그러므로 347×40에서 347을 뺀 것이 되고, 오른쪽 속산과 같다. 또한 이 곱셈은 순서를 바꾸어 놓아도 별로 간편해지지 않기 때문에 그대로 계산한다.

```
    347
  ×  39
   1388   ←347×4
  - 347
  13533
```

②에서는 78을

$$78 = 80 - 2$$

로 보고

$$4373 \times 78 = 4373 \times (80 - 2)$$
$$= 4373 \times 80 - 4373 \times 2$$

로 바꾸어 쓴다. 그러므로 4373×80에서 4373×2를 뺀 것이 되어 오른쪽 속산이 된다. 그리고 4373×2를 먼저 계산하면 그 4배가 4373×8이 된다.

```
    4373
  ×   78
   34984   ←4373×8
  - 8746   ←4373×2
  341094
```

연습문제 47

①   863   ②   4736   ③   614
    × 49   × 109   × 998

문제 48

합이 100이 되는 두 수를 곱한다

　　① 　52　　　② 　43
　　　× 48　　　　 × 57

코멘트

　먼저, 보통의 곱셈을 해본다. 그러면 그 결과를 보고 있는 사이에 근사한 속산을 발견한다. 양쪽 모두 2500보다 작으므로 그 차를 조사해 보자. 그러면 그 차에서는 어떤 특징을 갖고 있을 것이다.

해답

①에서는, 50과의 차이는 양쪽 모두 2이다. 여기서 우선 2500을 쓰고, 거기서 2^2을 뺀다. 그러면 이것이 곱셈의 답이다.

```
    52
  × 48
  2500   ← 항상 2500
  -  4   ←2²
  2496
```

마찬가지로 ②에서는, 우선 2500을 쓴다. 그리고 50과의 차이 7이므로 2500에서 7^2을 뺀다. 그러면 이것이 답이다.

그 이유는 다음과 같다.

50과의 차이를 a로 하면, 두 수는

$$50-a, \quad 50+a$$

이다. 그러면 그것의 적은

```
    43
  × 57
  2500   ← 항상 2500
  - 49   ←7²
  2451
```

$$(50-a)(50+a) = 50^2 - a^2$$
$$= 2500 - a^2$$

이 되므로, 위의 속산이 된다. 그리고, a가 커지면 a^2의 계산이 어려워진다. 그러므로 양쪽 모두 50에 가까울 때, 이 속산은 효과적이다.

또한 2승의 계산은 제4장을 참고하기 바란다.

연습문제 48

①   49
     × 51

②   53
     × 47

③   58
     × 42

문제 49

합이 100에 가까운 두 수를 곱한다.

　① 　47　　　② 　54
　　 × 52　　　　　× 47

코멘트

　두 수의 합이 100이 아니라도 그것에 가까운 값이면 바로 앞 문제 【문제 48】의 방법을 사용할 수 있다. 100으로부터의 차이를 수정하면 되기 때문이다. ①에서는 두 수의 합이 99이고 ②에서는 101이므로 그 수정은 간단하다.

해답

① 에서는, 47을
 47=48−1로 보고
 47×52=(48−1)×52
       =48×52−52
로 바꾸어 쓴다.

```
       47
    ×  52
     2496  ←48×52
    −  52
     2444
```

즉 48×52에서 52를 뺀 것이 되며, 오른쪽 속산이 된다.

② 에서는, 54를
 54=53+1로 보고
 54×47=(53+1)×47
       =53×47+47
로 바꾸어 쓴다.

```
       54
    ×  47
     2491  ←53×47
     2538
```

그러면 53×47에 47을 더한 것이 되어 위의 속산이 된다. 이때 원래의 47을 덧셈에도 사용한다. 또한 이 속산에서는 47을
 47=46+1로 보고,
54×46에 46을 더하는 경우도 생각할 수 있지만 43×47쪽이 더 간단하다.

연습문제 49

①   54   ②   46   ③   58
     × 45   × 55   × 43

문제 50

백의 자리가 1이고, 합이 300이 되는 두 수를 곱한다

|1| 152 |2| 157
   × 148   × 143

코멘트

두 수의 합이 100이 되는 【문제 48】의 방법은 세 자릿수의 곱셈에도 사용한다. 백의 자리가 양쪽 모두 1이면 합이 300이 된다. 이때 150과의 차가 작을수록 계산은 간단하다.

해답

① 에서는, 150과의 차이가 양쪽 모두 2이다. 여기서 우선 22500을 쓰고 거기서 2^2를 뺀다. 그러면 이것이 곱셈의 답이다.

```
    152
  × 148
  22500   ← 항상 22500
  −   4   ←$2^2$
  22496
```

마찬가지로 ② 에서는, 우선 22500을 쓴다. 그리고 150과의 차이가 7이므로 22500에서 7^2을 뺀다. 그러면 이것이 답이다.

```
    157
  × 143
  22500   ← 항상 22500
  −  49   ←$7^2$
  22451
```

그 이유는 다음과 같다.

150과의 차이를 a라고 하면 두 수는

$150-a$, $150+a$ 이다.

그러면 그 곱은

$$(150-a)(150+a) = 150^2 - a^2$$
$$= 22500 - a^2$$

이 되므로 위의 속산이 가능하다. 그러므로 【문제 48】과 완전히 같은 방법이다.

연습문제 53

① 149
  × 151

② 146
  × 154

③ 158
  × 142

문제 51

대각선의 합이 100이 되는 두 수를 곱한다.

①   84   ②   68
× 79   × 86

코멘트

대각선은 한쪽 수의 십의 자리와 다른 쪽 수의 일의 자리와 같이 서로 교차하는 사선 끝의 두 수로 곱하는 것이다. 이 합이 100이 될 때는 아주 간단한 속산을 할 수 있다. 알고보면 매우 편리하다.

해답

① 에서는, 대각선의 합은

$8 \times 9 + 7 \times 4 = 72 + 28 = 100$이 된다.

이때는 우선 일의 자리끼리인 4×9의 답을 하위 두 자리에 쓰고, 다음에는 십의 자리끼리인 8×7에 10을 더한 것을 그 왼쪽에 쓴다. 그러면 이것이 곱셈의 답이다.

```
  8 4
× 7 9
─────
6 6 3 6    ← 4×9
           ← 8×7 +10
```

② 에서는, 대각선의 합은

$6 \times 6 + 8 \times 8 = 36 + 64 = 100$

이다.

여기서 일의 자리끼리인 8×6을 하위 두 자리에 쓰고 십의 자리끼리인 6×8에 10을 더한 것을 그 왼쪽에 쓴다.

```
  6 8
× 8 6
─────
5 8 4 8    ← 8×6
           ← 6×8 +10
```

그 이유는 다음과 같다.

① 에서는, 이것을 보통 방법으로 곱하면 오른쪽과 같이 된다. 이때 대각선의 합이 100이 되므로 이와 같은 속산이 되는 것이다.

```
   8 4
 ×  7 9
 ─────
    3 6
    7 2 ┐
    2 8 ┘ ← 이 합이 100
   5 6
 ─────
  6 6 3 6
```

연습문제 51

① 87   ② 48   ③ 94
 × 49   × 97   × 78

문제 52

대각선의 합이 꼭 맞는 수가 되는 두 수를 곱한다.

$$\boxed{1} \quad \begin{array}{r} 42 \\ \times\ 79 \\ \hline \end{array} \qquad \boxed{2} \quad \begin{array}{r} 36 \\ \times\ 92 \\ \hline \end{array}$$

┌─ 코멘트 ─

대각선의 합이 100이 되지 않아도 50이나 60과 같이 꼭맞는 수가 되면 역시 비슷한 속산을 할 수 있다. ①에서는 대각선의 합이 50이고 ②에서는 60이 된다.

해답

① 에서는 대각선의 합은

$4 \times 9 + 7 \times 2 = 36 + 14 = 50$

이다.

```
   4 2
 × 7 9
-------
 3 3 1 8
```
← 2×9
← $4 \times 7 + 5$

여기서 우선 1자리끼리의 2×9의 답을 하위 두 자리에 쓰고, 다음에는 십의 자리끼리의 4×7에 5를 더한 것을 그 왼쪽에 쓴다. 그러면 이것이 곱셈의 답이다. 그 이유는 대각선의 합이 100이 될 때와 거의 같다.

② 에서는, 대각선의 합이

$3 \times 2 + 9 \times 6 = 6 + 54 = 60$

이다.

```
   3 6
 × 9 2
-------
 3 3 1 2
```
← 6×2
← $3 \times 9 + 6$

여기서 우선 일의 자리끼리의 6×2를 하위 두 자리에 쓰고, 다음에는 십의 자리끼리의 3×9에 6을 더한 것을 그 왼쪽에 쓴다.

대각선의 합이 꼭 맞는 수가 되는 경우는 자세히 보면 가끔 나온다. 이러한 성질을 빨리 알아채는 것도 속산에서는 중요하다.

연습문제 52

① 71 × 93   ② 42 × 86   ③ 83 × 69

문제 53

대각선의 합이 100이 되는 두 수의 곱셈을 세 자리로 넓힌다.

①   184   ②   781
    × 179   × 941

코멘트

①에서는, 백의 자리의 1을 무시하면 대각선의 합이 100이 된다. ②에서는, 일의 자리의 1을 무시하면 대각선의 합이 역시 100이다. 양쪽 모두 무시하는 수가 1이므로 【문제 51】의 방법이 효과적으로 사용된다.

해답

① 에서는

$$184 \times 179 = (100+84) \times (100+79)$$
$$= 10000 + 100 \times (84+79) + 84 \times 79$$
$$= (184+79) \times 100 + 84 \times 79$$

로 바꾸어 쓴다. 그러면 84×79의 곱셈이 되므로 【문제 51】의 방법을 사용할 수 있다. 이렇게 해서 오른쪽의 속산이 된다.

```
    184
  × 179
   6636   ←84×79
    263   ←184+79
  32936
```

② 에서는

$$781 \times 941 = (780+1) \times (940+1)$$
$$= 780 \times 940 + (780+940) + 1$$
$$= (78 \times 94) \times 100 + (781+940)$$

으로 바꾸어 쓰고, 78×94의 곱셈에 【문제 51】의 방법을 사용한다.

이렇게 해서 오른쪽의 속산이 된다.

한편, 원래의 781과 941도 덧셈에 사용되는데, 오해가 있을 것 같아 다시 한번 썼다. 물론 실제의 속산에서는 더욱 수고가 안가도록 생략한다.

```
    781
  × 941
    781
     94
   7332   ←78×94
  734921
```

연습문제 53

① 194 × 178   ② 186 × 168   ③ 971 × 481

제3장
속산으로 나눗셈을 한다

문제 54

5와 25로 나눈다

① $8435 \div 5 =$

② $57375 \div 25 =$

─ 코멘트 ─

 5의 2배는 10이고, 25의 4배는 100이다. 이 성질을 이용하면 5와 25로 하는 나눗셈은 간단한 곱셈으로 치환된다. 이 방법은 5와 25를 곱할 때의 【문제 33】의 반대 조작에 해당한다.

해답

1 에서는 $10 \div 2 = 5$를 이용해서
$$8435 \div 5 = 8435 \div (10 \div 2)$$
$$= (8435 \times 2) \div 10$$
으로 바꾸어 쓴다. 이것은 8435의 2배를 10으로 나눈 것이 되고,
$$(8435 \times 2) \div 10 = 16870 \div 10 = 1687$$
이라는 속산을 할 수 있다. 이것은 어떤 수를 5로 나누는 것보다 2배하는 편이 간단하기 때문이다.

2 에서는 $100 \div 4 = 25$를 이용해서
$$57375 \div 25 = 57375 \div (100 \div 4)$$
$$= (57375 \times 4) \div 100 = 229500 \div 100$$
$$= 2295$$
로 한다. 물론 어떤 수를 25로 나누는 것보다는 4배로 하는 쪽이 간단하다. 그리고 4배한 결과에 대해서도 100으로 나누어 떨어진다고는 할 수 없기 때문에, 그때는
$$6235 \div 25 = (6235 \times 4) \div 100 = 24940 \div 100$$
$$= 249.4$$
와 같이 **소숫점**을 붙이거나 **나머지** 10을 써 둔다.

한편, 이 나머지를 구하기 위해서는 소숫점 이하 두 자리의 40을 취하고 이것을 4로 나누면 된다.

연습문제 54

① $9245 \div 5 =$ ② $16545 \div 25 =$ ③ $436875 \div 25 =$

문제 55

125로 나눈다

1. $120375 \div 125 =$

2. $310472 \div 125 =$

코멘트

125는 25의 5배이고, 8배 하면 꼭 1000이다. 그러므로 5나 25로 나눌 때와 같은 방법을 사용할 수 있다. 이것은 125를 곱하는 【문제 34】의 반대 조작에 해당하므로 더 이상 설명이 필요없다.

| 해답 |

① 에서는 1000÷8=125를 이용해서
   120375÷125=120375÷(1000÷8)
             =(120375×8)÷1000
으로 바꾸어 쓴다. 그러니까 120375의 8배를 1000으로 나눈 것이 되고,
   (120375×8)÷1000=963000÷1000
                  =963
이라는 속산이 가능하다. 어떤 수를 125로 나누는 것보다는 8배해 주는 편이 훨씬 간단하므로 능률적인 속산이라 할 수 있다.

② 에서는 310472의 8배가
   310472×8=2483776
이므로 이것을 1000으로 나눈다. 그러면 소숫점이 붙어서
   2483776÷1000=2483.776
이 된다. 그리고 125로 나누었을 때의 나머지를 구하고 싶으면 소숫점 이하의 776을 8로 나누고
   776÷8=97에서
   310472÷125=2483……나머지 97
로 한다.

| 연습문제 55 |

① 419375÷125=

② 132697÷125=

문제 56

9로 나눈다

① 9) 327　　　② 9) 4293

코멘트

9의 0.1배는 0.9이고, 0.11배는 0.99이며, 0.111배는 0.999가 되어 소숫점의 오른쪽에 1을 몇 번이고 배열하면 0.111……과 9와의 곱은 점차 1에 가까워진다. 이 성질을 이용하면 9로 나눈 나눗셈이 덧셈으로 바뀌어진다. 간단한 방법이지만 모르는 사람이 많은 것 같다.

제3장 속산으로 나눗셈을 한다 129

해답

① 에서는 자릿수보다도 1개 많은 4개의
327을, 오른쪽 밑으로 한 자리씩 내려서
배열하고 앞에서 네 자리만 더한다. 그러
면 앞에서 두 자리의 36이 9로 나눈 **몫**이고,
세 자리째의 3이 나머지가 된다. 그 이유는

$$9 \times 0.1111\cdots = 0.9999\cdots$$

이기 때문에

$$327 \div 9 \fallingdotseq 327 \times 0.1111\cdots$$
$$= 32.7 + 3.27 + 0.327 + 0.0327 + \cdots$$
$$= 36.333\cdots$$

```
   327
   327
   327
   327
  ─────
  3632
    ↘↓
   몫 나머지
```

이 되기 때문이다. 이때 327을 4번만 쓴 것은 나중에는 3이
계속되기 때문에 불필요한 계산을 피하기 위해서다.

② 에서는 4293이 네 자리이므로, 오른
쪽 아래로 경사지게 5개를 배열한다. 그러
면 앞에서 세 자리의 476이 9로 나눈 몫
이고, 네 자리째의 9가 나머지가 되는 것
같지만 수정이 필요하다. 그 나머지는 9로
나누어 떨어지므로 반올림해서 몫은 477
이고, 나머지는 0이 된다. 이와같이 **외관상
의 나머지가 9일 때**만 주의하면 된다.

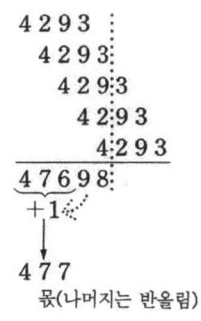

```
  4293
  4293
  4293
  4293
  4293
 ──────
 47698
   +1
   ↓
  477
```
몫(나머지는 반올림)

연습문제 56

① 9) 657   ② 9) 3298   ③ 9) 33183

문제 57

99로 나눈다

① 99) 8456　　　② 99) 64205

코멘트

99의 0.01배, 0.0101배, 0.010101배를 곱하면 각각 0.99, 0.9999, 0.999999가 된다. 이것은 소숫점의 오른쪽에 짝수 개의 9를 배열한 것이므로 점점 1에 가까워진다. 99로 나눌 때는 이 성질을 자주 이용한다.

해답

① 에서는 8456을 2자리씩 오른쪽 하위로 3개 배열하고, 처음 6자리만의 덧셈을 한다. 그러면 앞에서 2자리의 85가 99로 나눈 몫이고, 다음 2자리의 41이 나머지이다. 그 이유는

```
   8456
   8456
     8456
  ──────
  854140
  ﹋﹋ ﹋﹋
  몫  나머지
```

$$99 \times 0.0101010\cdots = 0.999999\cdots$$

이기 때문에,

$$8456 \div 99 \fallingdotseq 8456 \times 0.0101010\cdots$$
$$= 84.56 + 0.8456 + 0.008456 + \cdots$$
$$= 85.4141\cdots$$

이 되기 때문이다. 이때 3개의 8456을 배열한 것은 소숫점 이하를 네 자리까지 보기 때문이다. 여기에는 「나누어지는 수가 3자리나 4자리이면 3개, 5자리나 6자리이면 4개, 7자리나 8자리면 5개」라는 방식으로 배열한다.

② 에서는 나누어지는 수가 5자리이기 때문에 4개의 64205를 오른쪽 밑으로 빗겨서 배열한다. 처음 7자릿수만의 덧셈을 하면 최초의 세 자리인 648이 몫, 다음 두 자리인 53이 나머지가 된다.

```
   64205
   64205
    64205
     64205
  ──────
  6485353
  ﹋﹋﹋ ﹋﹋
   몫   나머지
```

연습문제 57

① $99 \overline{)7326}$

② $99 \overline{)5630786}$

문제 58

999로 나눈다

① 999) 64754   ② 999) 535464

― 코멘트 ―

【문제 56】의 9로 나누는 속산과 【문제 57】의 99로 나누는 속산을 자세히 보면 그 연장선상에 999로 나누는 속산도 있다는 것을 알게 된다. 일반적으로는 9가 여러 개 연속된 나눗셈에서도 같은 방법이 사용된다.

해답

① 에서는 3개의 64754를 오른쪽으로 세 자리씩 비켜서 배열하고, 앞에서 8자리 수만의 덧셈을 한다. 그러면 앞에서 두 자리의 64가 999로 나눈 몫이고, 다음의 세 자리 818이 나머지가 된다.

```
  64754
   64754
    64754
  ─────────
  64818818
  몫  나머지
```

그 이유는 0.001001……형식과
999×0.001001001……
=0.999999999……
가 됨을 알 수 있고, 9와 99로 나누는 속산과 완전히 동일하다.

② 에서는 3개의 535464를 오른쪽으로 비켜서 배열하고, 앞에서 세 자리인 535에 1을 더한 536을 몫으로 한다. 이것은 나머지가 되는 다음의 세 자리가 999로서 나누는 수와 일치하기 때문이다. 이때는 반올림해서 몫 535에 더한다.

```
  535464
   535464
    535464
  ─────────
  535999999
  +1
    ↓
   536
  몫(나머지는 반올림)
```

연습문제 58

① 999) 282730   ② 999) 3979017

문제 59

909로 나눈다

① $909 \overline{\smash{)}\, 25874}$ ② $909 \overline{\smash{)}\, 413537}$

코멘트

909의 0.0011배, 0.00110011배를 계산하면 각각 0.9999와 0.99999999가 된다. 그러므로 【문제 57】이나 【문제 58】과 비슷한 속산임을 알 수 있다. 단지 909로 나눈 나머지를 구할 때는 주의가 필요하다.

해답

① 에서는 5개의 25874를 오른쪽으로 한 자리, 세 자리, 한 자리, 세 자리씩 교대로 비켜서 배열하고, 앞에서 10자리만을 덧셈에 사용한다. 그러면 앞에서 두 자리인 28이 909로 나눈 몫이고, 다음 네 자리인 4642를 11로 나눈 422가 나머지이다.

```
    25874
    25874
      25874
      25874
        25874
  ─────────────
  2846424639
```

몫 ÷11
↓
422 …… 나머지

그 이유는 다음과 같다.

한 자리, 세 자리, 한 자리, 세 자리로 교대로 비켜서 배열하

는 것은 0.00110011……의 형식과
$$909 \times 0.00110011\cdots = 0.99999999$$
에서 알 수 있다. 그러면 위의 28을 제외한 부분은 909로 나누었을 때의 소수 부분이 되고, 나머지는 이것을 909배했다.

$$0.46424642\cdots \times 909$$
$$= 4642 \times (0.00010001\cdots \times 909)$$
$$= 4642 \times 0.0909090909\cdots$$
$$= 4642 \div 11$$
$$= 422$$

가 된다.

마찬가지 방법으로 하면,
② 에서는 454가 몫이고, 851이 나머지가 된다.

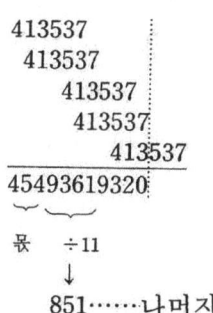

연습문제 59

① 909) 30154

② 909) 5129487

문제 60

9009로 나눈다

① 9009) 76524   ② 9009) 387769

> **코멘트**
>
> 앞 【문제 59】의 909로 나누는 속산을 자세히 보면 그 연장상의 9009로 나누는 속산도 할 수 있다. 이때 9009에 얼마를 곱하면 1에 가까운 값이 되는지가 문제이다. 그것은 0.000111000111……이다. 그리고 이와 같이 자릿수가 많은 문제는 나누는 수와 나누어지는 수의 자릿수를 봐서 몫이 몇 자리가 되는지 가늠을 해두면 된다.

해답

① 에서는 76524를 오른쪽으로 한 자리 비켜서 3번 쓰고 네 자리 비켜서 1번, 한 자리 비켜서 2번, 네 자리 비켜서 1번을 교대로 쓰고, 앞에서 13자리의 덧셈을 한다.

그러면 맨 앞의 한 자리의 8이 몫이고, 다음의 6자리의 494172를 111로 나눈 4452가 나머지가 된다. 이것은

$$9009 \times 0.000111000111\cdots = 0.9999999999\cdots$$

가 되는 것을 알면, 【문제 59】와 똑같은 방법을 사용할 수 있다. 나머지도 【문제 59】에서는 11로 나누었으나 여기서는 111로 나눈 것만 다를 뿐이다.

동일한 계산을 하면 ② 에서는 43이 몫이고, 42402를 111로 나눈 382가 나머지가 된다.

```
      76524
      76524
      76524
        76524
        76524
        76524
            76524
  ─────────────────
  8494172494171
  ↓‿‿‿‿
  몫  ÷111
      ↓
      4452 …… 나머지
```

```
      387769
      387769
      387769
        387769
        387769
        387769
            387769
  ─────────────────
  43042402042397
        ‿‿‿‿
  몫  ÷111
      ↓
      382 …… 나머지
```

연습문제 60

① 9009) 65626　　② 9009) 8409554

문제 61

98로 나눈다

① 98) 1345　　　　② 98) 360228

┌─ 코멘트 ─────────────────────┐

　100보다 조금 작은 수로 나눌 때는 계산의 일부를 생략할 수 있다. 이것은 나머지만을 구하는 방법으로 갑자기 방법을 제시하면 놀라는 사람이 있다. 우선 98로 나누었을 때를 조사해 본다.

└──────────────────────────┘

해답

[1]에서는 1345의 최상위의 1을 보고, 십의 자리에 1을 쓰고 동시에 1의 2배인 2를 4의 밑에 쓴다. 34에 2를 더하고, 그 오른쪽 옆의 5도 내려서 365로 한다. 이때 2는 100을 98로 나누었을 때의 나머지이다.

$$
\begin{array}{r}
13 \\
98\overline{)1345} \\
\| 2 \\
100-2365 \\
6 \\
71
\end{array}
$$

다음에는 365의 최상위인 3을 보고, 일의 자리에 3을 쓰고 동시에 3의 2배인 6을 5의 바로 아래에 쓴다. 그리고 65와 6을 더해서 71이 된다. 이때 6은 300을 98로 나누었을 때의 나머지이다.

그러면 1345를 98로 나눈 몫은 13이고, 나머지는 71이 된다. 이 방법은 98로 나누었을 때의 나머지만을 쓰고 도중의 불필요한 계산을 생략한다.

[2]에서도 완전히 같은 방법으로 계산할 수 있다. 대개는 나눗셈의 도중에 98×6, 98×7, 98×3 등도 계산하므로 불필요한 수고를 하게 된다.

다만, 다음의 【문제 62】에서 기술한 것과 같이 주의를 해야만 하는 경우가 있다.

$$
\begin{array}{r}
3675 \\
98\overline{)360228} \\
\| 6 \\
100-2662 \\
12 \\
742 \\
14 \\
568 \\
10 \\
78
\end{array}
$$

연습문제 61

① $98\overline{)5978}$　　② $98\overline{)911542}$

문제 62

100보다 조금 작은 수로 나눈다

① 97) 25933   ② 94) 319863

― 코멘트 ―

어떤 수를 98로 나누는 방법은 97이나 96으로 나눌 때에도 그대로 사용할 수 있다. 그러나 100보다 약간 작아지면 속산의 효과가 희박해진다. 그러므로 십의 자리의 수는 9가 아니면 속산이라고 할 수 없다. 여기서는 97과 94로 나누고 있지만 다른 수로도 가능하다.

해답

① 에서는 25933의 최상위인 2를 백의 자리에 두고, 그 3배인 6을 59에 더한다. 다음에는 653의 최상위인 6을 십의 자리에 놓고, 그의 3배인 18을 53에 더한다. 마지막으로 713의 최상위인 7을 일의 자리에 쓰고, 그의 3배인 21을 13에 더한다. 그러면 몫은 267이고, 나머지는 34이다.

$$\begin{array}{r} 267 \\ 97\overline{)25933} \\ = \quad 6 \\ 100-3 \quad \overline{653} \\ 18 \\ \overline{713} \\ 21 \\ \overline{34} \end{array}$$

② 에서는 최상위인 3을 천의 자리에 쓰고, 그 6배인 18을 19에 더한다. 다음에는 378의 최상위인 3을 백의 자리에 쓰고 그 6배인 18을 78에 더한다. 그러면 96이 되어 나눗셈의 94보다 많아진다. 이때는 백의 자리에 쓴 3을 4로 바꾸어 96에서 94를 뺀다. 그러면 다음의 26은 94보다 작기 때문에 십의 자리에는 0을 쓴다.

마지막으로 263의 최상위인 2를 일의 자리에 쓰고, 그 6배인 12를 63에 더한다.

이렇게 해서 몫은 3402이고, 나머지는 75가 되도록 수정이 조금 필요했다.

이와 같이 나머지가 나누는 수보다 커질 때는 항상 수정이 필요하다.

$$\begin{array}{r} 4 \\ \uparrow \\ 3302 \\ 94\overline{)319863} \\ = \quad 18 \\ 100-6 \quad \overline{378} \\ 18 \\ \overline{96} \\ -94 \\ \overline{26} \\ 0 \\ \overline{263} \\ 12 \\ \overline{75} \end{array}$$

연습문제 62

① 96) 205675   ② 93) 283682

문제 63

998로 나눈다

① 998) 37155

② 998) 285428

코멘트

998은 1000에서 2를 뺀 수이다. 그리고 98은 100에서 2를 뺀 수이므로, 양쪽 수 모두 알맞은 수에서 2를 뺀 것이다. 그러므로 어떤 수를 98로 나누는 【문제 61】의 속산은 어떤 수를 998로 나누는 속산에도 사용할 수 있다.

해답

① 에서는 37155의 최상위인 3을 십의 자리에 쓰고, 그 2배인 6을 715에 더한다. 다음에는 7215의 최상위인 7을 일의 자리에 쓰고, 그 2배인 14를 215에 더한다. 그러면 37155를 998로 나눈 몫은 37이고, 나머지는 229가 된다. 이 방법은 100을 98로 나눈 나머지와 1000을 998로 나눈 나머지가 양쪽 모두 2이기 때문에 【문제 61】의 방법과 완전히 같다. 그러나 998로 나누는 것이 어렵게 느껴지기 때문에, 속산의 내용이 훨씬 더 통쾌하다.

$$\begin{array}{r} 37 \\ 998\overline{)37155} \\ \shortparallel \quad\;\; 6 \\ 1000-2 \;\; \overline{7215} \\ 14 \\ \overline{229} \end{array}$$

② 에서는 최상위인 2를 백의 자리에 쓰고 그 2배인 4를 854에 더한다. 다음에는 8582의 최상위인 8을 십의 자리에 쓰고, 그 2배인 16을 582에 더한다. 다음에는 5988의 최상위인 5를 일의 자리에 쓰고, 그 2배인 10을 988에 더한다. 그러면 나머지가 998이 되고, 나누는 수와 일치하므로 일의 자리에 쓴 5를 6으로 바꾼다.

이렇게 해서 285428은 998로 알맞게 나누어 떨어지고, 몫은 286이 된다.

$$\begin{array}{r} 6 \\ \uparrow \\ 285 \\ 998\overline{)285428} \\ \shortparallel \quad\;\; 4 \\ 1000-2 \;\; \overline{8582} \\ 16 \\ \overline{5988} \\ 10 \\ \overline{998} \end{array}$$

연습문제 63

① 998) 301399

② 998) 6971030

문제 64

1000보다 조금 작은 수로 나눈다

① 992) 64021   ② 986) 272820

┌─ 코멘트 ─┐

어떤 수를 100보다 조금 작은 수로 나누는 것과 1000보다 조금 작은 수로 나누는 것은 기본적으로는 같다. 다만, 자릿수가 커지면 약간 어려워진다. 10000보다 조금 작은 수로 나눌 때도 역시 같은 속산을 사용할 수 있다.

제3장 속산으로 나눗셈을 한다   145

해답

① 에서는 최상위인 6을 십의 자리에 쓰고, 그 8배의 48을 402에 더한다. 다음에는 4501의 최상위인 4를 일의 자리에 쓰고, 그 8배인 32를 501에 더한다. 그러면 64021을 992로 나눈 몫은 64이고, 나머지는 533이 된다.

```
                64
  992 ) 64021
    ‖     48
1000-8  4501
           32
          533
```

② 에서는 986을

$$986 = 1000 - 14$$

로 볼 수 있다. 그러면 일의 자리 수를 14배하는 계산이 필요하지만, 다른 것은 완전히 같다. 우선 최상위인 2를 백의 자리에 쓰고, 그 14배인 28을 728에 더한다. 다음에는 7562의 최상위인 7을 십의 자리에 쓰고 그 14배인 98을 562에 쓴다. 마지막으로 6600의 최상위인 6을 일의 자리에 쓰고, 그 14배인 84를 600에 더한다. 그러면 몫은 276이고, 나머지는 684가 된다.

```
                 276
  986 ) 272820
    ‖       28
1000-14   7562
             98
           6600
             84
            684
```

이와 같이 1000보다 조금 작은 수로 나눌 때는 20 정도 작아도 다소 번거롭기는 하지만 속산은 할 수 있다.

연습문제 64

① 987) 39054   ② 979) 850751

문제 65

15로 나눈다

① 15) 4905　　　② 15) 76237

───(코멘트)───

어떤 수를 15로 나눌 때는 15의 끝자리가 5인 것에 착안해서, 우선 어떤 수와 15를 각각 2배한다. 나누는 수를 한 자리로 할 수 있어서 암산으로도 나눗셈이 된다.

해답

① 에서는 나누는 수(제수)와 나누어지는 수(피제수)의 각각을 2배 해서

$$4905 \div 15 = (4905 \times 2) \div (15 \times 2)$$
$$= 9810 \div 30$$

```
    4905
  ×    2
      ↓
30 ) 9810
     327
```

로 한다. 그러면 9810을 30으로 나누는 것이 되지만 실질적으로는 981을 3으로 나누는 것과 같다. 한 자리의 나눗셈이면 암산으로도 할 수 있다.

② 에서는 76237의 2배를 30으로 나누면 나머지가 14가 된다. 이 때는 그것을 2로 나눈 7을 15로 나누었을 때의 나머지로 한다.

```
       76237
     ×     2
           ↓
30 ) 152474
     5082 …… 나머지 14
                ↓ ÷2
              나머지 7
```

이와 같이 나머지가 나왔을 때는 15로 나누었을 때의 나머지로 되돌리기 위해 2로 나누는 것을 잊어서는 안된다. 또한 이 나머지는 항상 짝수가 되고 반드시 2로 나누어서 떨어진다.

연습문제 65

① 15) 27945   ② 15) 68725

문제 66

35와 45로 나눈다

① 35) 22995   ② 45) 11616

┌─ 코멘트 ─┐

어떤 수를 35나 45로 나눌 때도 15로 나눌 때와 같다. 35의 2배는 70이고, 45의 2배는 90이므로, 10으로 나누면 한 자리수가 되기 때문이다. 나누는 수가 한 자리이면 나누어지는 수를 보면서 암산을 하면 그다지 어렵지 않다.

해답

1 에서는 22995를 2배한 뒤에 70으로 나눈다. 이때 7로 나누는 속산이면 쉽겠지만 그렇지 않다. 그러나 한 자리의 나눗셈이므로 4599를 보면서 암산이 가능하다. 더욱이 【문제 82】에서 기술한 것과 같이 7로 나누어서 떨어지는지의 여부를 판단하는 것은 간단하다.

```
    22995
  ×     2
        ↓
70 ) 45990
      657
```

2 에서는 11616을 2배한 뒤에 90으로 나눈다. 이때 【문제 56】의 방법을 사용해도 되지만 여기서는 나눈 답만 씌어 있다. 그러면 나머지가 12가 되기 때문에 그것을 2로 나누어 45로 나누었을 때의 나머지로 되돌린다.

```
    11616
  ×     2
        ↓
90 ) 23232
     258 …… 나머지 12
              ↓ ÷2
              나머지 6
```

이 방법을 사용하면 55나 65로 나누는 속산도 할 수 있다. 그러나 그 2배는 두 자리이므로 속산의 효과는 희박해진다.

연습문제 66

① 35) 17856   ② 45) 60861

문제 67

한 자리의 곱으로 분해할 수 있는 수로 나눈다

① 12) 51444

② 21) 39983

┌─ 코멘트 ─┐

나누는 수(제수)가 12나 21일 때는 그것을 한 자릿수의 곱으로 분해할 수 있기 때문에 나눗셈을 2회로 나누어서 계산한다. 그러면 각각 한 자릿수에 의한 나눗셈이므로 암산으로도 할 수 있다. 다만, 나머지 구하는 방법을 생각해 둘 필요가 있다.

제3장 속산으로 나눗셈을 한다 151

해답

① 에서는 12가

　　12＝3×4

로 분해할 수 있기 때문에, 우선 51444÷4 의 나눗셈을 한다. 그러면 몫이 12861이 고, 다음에는 12861÷3의 나눗셈을 한다. 이와 같이 나눗셈을 2회로 나누면, 양쪽 모두 한 자릿수의 나눗셈이 된다. 그리고 3과 4 중 어느 것으로 먼저 나눌지는 나누어지는지의 여부를 가늠해 본 뒤에 결정한다.

4) 51444
3) 12861
　　4287

② 에서는 21을 3×7로 분해 하고, 먼저 39983÷3의 나눗셈 을 한다. 그러면 몫이 13327이 고, 나머지가 2가 되고, 다음에 는 13327÷7의 나눗셈을 한다. 그러면 몫이 1903이고 나머지 가 6이 된다.

3) 39983
7) 13327 ……나머지 2
　　1903 ……나머지 6
　　　↓
　　2×7＋6
　　　↓
　　나머지 20

이때는 3으로 나누었을 때의 나머지 2를 7배하고, 그것에 7로 나누었을 때의 나머지 6을 더한다. 이 결과 20이 21로 나누어질 때의 나머지이고 물론 몫은 1903이다. 이와 같이 나 눗셈을 2회로 나눌 때는 나머지에 관한 배려가 필요하다.

연습문제 67

① 48) 13067　　　② 63) 117747

문제 68

199와 299로 나눈다

① 199) 24825

② 299) 98323

― 코멘트 ―

【문제 62】에서는 100보다 작은 수로 나눌 때를 생각했으나, 이 방법은 200이나 300보다 작은 수로 나눌 때도 조금만 수정하면 사용할 수 있다. 우선 가장 간단한 경우로 200과 300보다 1이 작은 수로 나눌 때를 조사해 본다.

해답

① 에서는 199를
$$199 = 200 - 1$$
로 보고, 24825의 최상위인 2를 2로 나누고, 몫인 1을 백의 자리에 놓는다. 그리고 48에 1을 더하고 오른쪽 옆의 2도 내려서 492로 한다. 다음에는 이 최상위인 4를 2로 나누고 몫인 2를 십의 자리에 쓰며, 92에 2를 더한다. 다음에는 945의 최상위를 2로 나누고 몫인 4를 일의 자리에 쓰고, 45에 4를 더한다. 이때 9와 2×4는 일치하지 않기 때문에 9에서 8을 빼고, 그것도 포함한 149를 쓴다. 이렇게 해서 몫은 124이고, 나머지는 149가 된다.

```
              124
        199 ) 24825
         ‖      1
      200-1   492
                2
              945
              -8 4
              149
```

② 에서는, 299를
$$299 = 300 - 1$$
로 보는 것만 다르고, 나머지는 모두 그대로이다.

항상 최상위수인 3으로 나누고, 그것을 몫으로 하며, 동시에 나머지도 더해 가면 된다.

이렇게 해서 몫은 328이고, 나머지는 251이 된다.

```
              328
        299 ) 98323
         ‖      3
      300-1   862
              -6 2
             2643
             -24 8
              251
```

연습문제 68

① 199) 61497   ② 299) 425638

문제 69

꼭 맞는 수보다 약간 작은 수로 나눈다

① 596) 25750

② 789) 42753

코멘트

꼭 맞는 수라는 것은 600이나 800과 같이 최상위의 수를 제외하면 나머지는 0이 계속되는 수이다. 이것보다 약간 작은 수로 나눌 때는 꼭 맞는 수를 기준으로 생각할 수 있다. 【문제 61】의 방법을 참고하기 바란다.

제3장 속산으로 나눗셈을 한다 155

| 해답 |

① 에서는 596을
$$596 = 600 - 4$$
로 본다. 그리고 대충 어림잡아서 600으로 나누고 뺀 나머지를 더한다. 여기서는 우선 2575를 600으로 나누고, 25에서 4의 6배를 빼고, 75에 4의 4배를 더한다. 이 뺄셈과 덧셈을 동시에 하기 위해 24와 16의 사이에는 경계가 있는 것으로 생각할 수 있다. 다음에는 1910을 600으로 나누고, 19에서 3의 6배를 빼고, 10에 3의 4배를 더한다.

```
              43
     596 ) 25750
       ‖   24│16
   600-4    1910
            18│12
             122
```

이렇게 몫은 43이고, 나머지는 122가 된다.

② 에서는 789를
$$789 = 800 - 11$$
로 보고 먼저 4275를 800으로 나눈다. 그러면 42에서 5의 8배를 빼고, 75에 5의 11배를 더하고, 그 다음 800으로 나눌 것

```
              54
     789 ) 42753
       ‖   40│55
   800-11   3303
            32│44
             147
```

은 3303이다. 그러면 몫에 4가 쓰이므로 33에서 4의 8배를 빼고, 3에 4의 11배를 더한다. 이렇게 해서 몫은 54이고, 나머지는 147이 된다.

이 방법의 특징은 꼭 맞는 수보다 약간 작으면 어떤 나눗셈에서도 사용할 수 있다는 점이다.

| 연습문제 69 |

① 692) 509042   ② 1988) 686247

제 4 장
제곱을 속산한다

문제 70

11에서 19까지를 제곱한다

1   13　　　2   17
   × 13　　　　　　× 17

코멘트

11에서 19까지의 제곱은 겨우 9개이므로 암기할 수 있다. 암기해 두면 편리하므로 반드시 암기해 두기 바란다. 여기서는 【문제 13】의 특수한 경우에 해당하므로 그 방법에 의한 속산을 해보자.

11에서 19까지의 제곱

$11^2 = 121$　　$12^2 = 144$　　$13^2 = 169$

$14^2 = 196$　　$15^2 = 225$　　$16^2 = 256$

$17^2 = 289$　　$18^2 = 324$　　$19^2 = 361$

해답

① 에서는 먼저 일의 자릿수를 제곱한다. 이 때 답이 한 자릿수이므로 그 왼쪽에 13+3의 답을 쓴다. 그러면 이것이 제곱의 답이다. 이 속산이 가능한 것은 일의 자리의 제곱이 한 자리가 될 때 뿐이고, 구체적으로는 11에서 13까지의 2승이다.

```
   1 3
 × 1 3
 ─────
   1 6 9
     ↑  ↖ 3×3
    13+3
```

② 에서는 일의 자릿수의 제곱은 49이므로 두 자릿수이다. 이때는 그 왼쪽 아래로 한 자리 올려서 17+7의 답을 쓴다. 그러면 이 합이 제곱이다.

```
   1 7
 × 1 7
 ─────
   4 9  ← 7×7
   2 4  ← 17+7
 ─────
   2 8 9
```

또한 제곱에 대해서는

$$11^2 = 10^2 + 2 \times 11 - 1 = 10^2 + 21$$
$$12^2 = 11^2 + 2 \times 12 - 1 = 11^2 + 23$$
$$13^2 = 12^2 + 2 \times 13 - 1 = 12^2 + 25$$

와 같은 관계가 있기 때문에, 차례로 홀수를 더할 수도 있다. 그러므로 여러 가지의 제곱을 암기해 두면 매우 유효하다.

연습문제 70

①   12   ②   16   ③   18
     × 12   × 16   × 18

문제 71

일의 자리가 5인 두 자릿수를 제곱한다

　① 　35　　　② 　75
　　×35　　　　　×75

코멘트

35나 75와 같이 일의 자리가 5인 두 자릿수를 제곱할 때는 순식간에 속산을 할 수 있다. 【문제 22】의 특수한 경우에 해당하므로 그 방법을 그대로 사용한다. 어떤 방법이었는지 기억해 내기 바란다.

해답

1 에서는, 십의 자리가 같고 일의 자리의 합이 10이 되는 두 수를 곱하는 것으로서, 【문제 22】의 방법이 그대로 사용가능하다. 그러므로 우선 5×5의 답을 하위 두 자리에 쓰고 3×4의 답을 그 왼쪽에 쓴다.

그러면 이것이 제곱의 답이다.

여기에 위 두 자리인 3×4의 계산은 십의 자리가 3이기 때문에 그것과 1을 더한 것을 곱한 것이다.

마찬가지로, 2 에서는 5×5를 아래 두 자리에 쓰고, 7×8을 그 왼쪽에 쓴다.

그러면 이것이 제곱의 답이다.

【문제 22】와 마찬가지로, 이것은 통쾌한 속산이다.

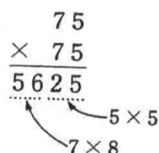

```
     3 5
  ×  3 5
  ─────
  1 2 2 5
          ← 5×5
        ← 3×4
```

```
     7 5
  ×  7 5
  ─────
  5 6 2 5
          ← 5×5
        ← 7×8
```

연습문제 71

①   25   ②   55   ③   95
     × 25   × 55   × 95

문제 72

십의 자리가 5인 두 자릿수를 제곱한다

1. 　53
    × 53

2. 　57
    × 57

코멘트

【문제 71】과는 십의 자리와 일의 자리의 관계가 바뀌어 있다. 그러므로 이번에는 【문제 28】의 특수한 경우에 해당한다. 어떤 방법이었는지 기억해 내기 바란다.

제4장 제곱을 속산한다   163

해답

① 에서는 일의 자리가 같고 십의 자리의 합이 10이 되는 두 수를 곱하고 있다. 그러므로 【문제 28】의 방법을 사용한다. 이를 위해 먼저 3×3의 답을 아래 두 자리에 쓴다. 다음에는 5×5를 계산한 뒤 그것에 3을 더한 답을 그 왼쪽에 쓴다. 그러면 이것이 제곱의 답이 된다.

```
   5 3
 × 5 3
 ─────
 2 8 0 9
```
↖ 3×3
↖ 5×5+3

5×5에 3을 더한 것이므로 【문제 71】만큼은 안되지만 역시 통쾌한 속산이다.

마찬가지로, ② 에서는 7×7을 아래 두 자리에 쓰고, 5×5에 7을 더한 것은 그 왼쪽에 쓴다. 그러면 이것이 제곱의 답이다.

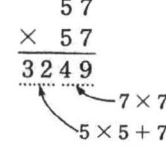

답이 쉽게 나오는 속산이기 때문에 재미있다.

연습문제 72

①   52   ②   54   ③   59
    × 52   × 54   × 59

문제 73

100에 가까운 수를 제곱한다

```
  ①    97        ②   106
     × 97           × 106
     ────           ─────
```

― 코멘트 ―

　100에 가까운 두 수의 곱셈은 【문제 41】에서 설명했다. 여기서의 제곱 계산은 그 특수한 경우에 해당한다. 이것도 통쾌한 계산으로 속산의 매력을 충분히 맛볼 수 있다. 이 문제는 【문제 41】을 생각하면서 그 매력을 다시 맛보도록 하자.

해답

① 에서는 100과의 차이가 3이므로 우선 3×3의 답을 아래 두 자리에 쓴다. 다음에는 97-3의 답을 그 왼쪽에 쓴다.

```
   9 7
 × 9 7
 9 4 0 9
```
↘ 3×3
↖ 97-3

그리고 【문제 41】의 방법에 의하면 3×3의 왼쪽에 쓸 수를 100-(3+3)으로 해도 되지만 여기서는 불필요하다. 양쪽 모두 97이므로 거기서 3을 빼는 것이 간단하고 빠르다.

마찬가지로, ② 에서는 우선 6×6을 아래 두 자리에 쓴다. 다음에는 106+6을 그 왼쪽에 쓴다. 그러면 이것이 제곱의 답이다. 이번에는 100 보다 큰 수이므로 106에 차이인 6을 더한다.

```
   1 0 6
 × 1 0 6
 1 1 2 3 6
```
↘ 6×6
↖ 106+6

이 제곱 계산도 【문제 71】과 마찬가지로 통쾌한 속산이다.

연습문제 73

①   94   ②   103   ③   115
     × 94   × 103   × 115

문제 74

1000에 가까운 수를 제곱한다

①   993   ②   1008
  × 993   × 1008

─── 코멘트 ───

  1000에 가까운 수를 제곱할 때도 바로 앞의 【문제 73】의 방법을 사용할 수 있다. 그러나 세 자리나 네 자릿수의 제곱이므로 한층 통쾌한 속산이다. 이 문제는 1000에 가까운 두 수의 곱셈이므로 【문제 44】의 특수한 경우에 해당한다.

해답

①에서는 1000과의 차이가 7이므로, 먼저 7×7의 답을 아래 세 자리에 쓴다. 다음에는 993-7의 답을 그 왼쪽에 쓴다. 그러면 이것이 제곱의 답이다. 이때 7을 뺀 것은 993이 1000보다 7이 작기 때문이다.

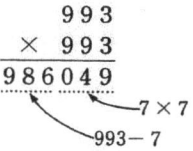

마찬가지로, ②에서는 1000과의 차이가 8이므로, 8×8을 아래 세 자리에 쓴다. 다음에는 1008+8을 그 왼쪽에 쓰면 제곱의 답이 된다. 이번에는 1008이 1000보다 8이 크게 때문에 8을 더하는 것이다.

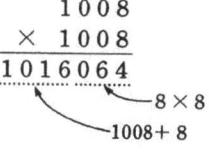

또한 100이나 1000에 가까운 두 수의 곱셈에서는 한쪽이 그보다 크고, 다른 쪽이 그것보다 작을 때의 곱셈은 좀 번거로웠다. 그러나 제곱 계산에서는 그러한 경우가 생기지 않기 때문에 항상 간단하고 명료한 속산이 된다.

연습문제 74

① 994 × 994   ② 989 × 989   ③ 1013 × 1013

문제 75

십의 자리와 일의 자리가 5인 세 자릿수를 제곱한다

1️⃣   355
    × 355

2️⃣   755
    × 755

코멘트

  355나 755와 같이 십의 자리가 양쪽 모두 5인 세 자릿수에 대해서는 그 제곱은 간단하게 구할 수가 있다. 이 계산은 【문제 71】의 응용에도 있으니 그것을 참조하기 바란다.

해답

① 에서는 먼저 3525를 쓴다. 이 중에서 위 두 자리의 35는 원래의 355의 위 두 자리가 그대로이다. 그리고 아래 두 자리는 항상 25이다. 다음에는 35×35를 왼쪽 아래로 두 자리 올려서 쓴다. 그러면 그 합이 답이다.

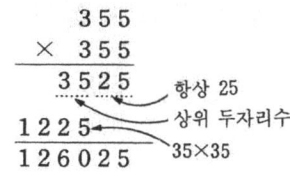

마찬가지로, ② 에서는 우선 7525를 쓰고, 그 왼쪽 아래로 두 자리 올려서 75×75를 쓰면 된다. 그러면 그 합이 답이다.

그 이유는 다음과 같다.

위 두 자리를 A라고 하면, 이 수는 $10A+5$가 되므로 그 제곱은
$$(10A+5)^2 = 100A^2 + 2 \times 10A \times 5 + 25$$
$$= A^2 \times 100 + (100A + 25)$$

이다.

이 속산은 마지막의 식을 그대로 계산한 것이다. 이때 A^2은 【문제 71】의 방법으로 간단하게 구해진다.

연습문제 75

① 255 × 255   ② 555 × 555   ③ 855 × 855

문제 76

백의 자리와 십의 자리가 5인 세 자릿수를 제곱한다

$$\boxed{1} \quad \begin{array}{r} 552 \\ \times\ 552 \end{array} \qquad \boxed{2} \quad \begin{array}{r} 556 \\ \times\ 556 \end{array}$$

> **코멘트**
>
> 552나 556같이 백의 자리가 양쪽 모두 5인 세 자릿수에 대해서는 그 제곱을 【문제 72】의 응용으로서 계산할 수 있다. 어떤 응용인지는 【문제 75】를 참고로 생각해 보기 바란다.

해답

①에서는 먼저 【문제 72】의 방법을 사용해서 52×52의 답을 쓴다. 다음에는 250에 52를 더하고, 그 답을 왼쪽 아래로 세 자리 올려서 쓴다. 그러면 그것을 더한 것이 답이다.

```
  552
× 552
 2704    ←52×52
 302     ←250+52
304704
```

마찬가지로, ②에서는 우선 56×56을 쓰고, 다음에는 250에 56을 더한 것을 그 왼쪽 아래로 세 자리 올려서 쓴다. 그러면 그 합이 답이다.

```
  556
× 556
 3136    ←56×56
 306     ←250+56
309136
```

그 이유는 다음과 같다.

아래 두 자리를 A라고 하면, 이 수는 $500+A$가 되기 때문에 그 제곱은

$$(500+A)^2 = 250000 + 2 \times 500 \times A + A^2$$
$$= (250+A) \times 1000 + A^2$$

이다. 이 속산은 마지막 식을 그대로 계산한 것으로서 A^2이 【문제 72】의 방법으로 간단히 구해진다.

연습문제 76

① 553 × 553　　② 557 × 557　　③ 559 × 559

문제 77

일의 자리가 4이거나 6인 두 자릿수를 제곱한다

①   34
      × 34

②   76
      × 76

코멘트

  십의 자리가 같고 일의 자리의 합이 10이 되는 곱셈은 【문제 22】의 방법으로 속산이 가능하다. 이 문제에서는 십의 자리는 같지만 일의 자리의 합은 10이 되지 못한다. 그러므로 10이 되도록 약간만 수정하면 【문제 22】의 방법을 사용할 수 있다.

해답

① 에서는 34의 한 쪽을

$$34 = 36 - 2$$

로 보고,

$$34 \times 34 = 34 \times (36 - 2)$$
$$= 34 \times 36 - 34 \times 2$$

```
      34
   ×  34
    1224   ←34×36
   −  68   ←34×2
    1156
```

로 바꾸어 쓴다. 여기서는 34×36에서 34×2를 뺀 것이 되어 34×36의 곱셈에 【문제 22】의 방법을 사용할 수 있다. 그 결과가 위의 속산이다.

② 에서는, 76의 한 쪽을

$$76 = 74 + 2 \text{로 보고}$$
$$76 \times 76 = 76 \times (74 + 2)$$
$$76 \times 74 + 76 \times 2$$

```
      76
   ×  76
    5624   ←76×74
   + 152   ←76×2
    5776
```

로 바꾸어 쓴다. 그러면 76×74에 76×2를 더한 것이 되어 위의 속산이 가능하다.

물론 두 자릿수의 2배쯤은 암산으로도 가능할 것이다.

연습문제 77

① 46 × 46   ② 74 × 74   ③ 86 × 86

문제 78

임의의 두 자릿수를 제곱한다

1.   38
      × 38

2.   72
      × 72

코멘트

임의의 수의 제곱이라도 그것이 두 자리이면 간단하지만, 【문제 97】에서 계산 착오를 피하는 곱셈을 생각할 수 있는데, 그 특수한 경우로 처리하면 된다. 여기에는 상식적인 계산만으로도 충분히 가능하다.

해답

① 에서는 우선 8×8의 답을 아래 두 자리에 쓰고, 3×3의 답을 그 왼쪽에 쓴다. 다음에는 3×8을 계산하여 그 2배를 왼쪽 아래에 한 자리 올려서 쓴다. 그러면 이것을 더한 것이 답이다.

```
    3 8
  × 3 8
  ─────
   9 6 4   ← 8×8
              3×3
     4 8   ← 3×8×2
  ─────
  1 4 4 4
```

더욱이 3×8의 2배를 계산할 때 먼저 3×2를 계산하고 6×8로 해도 된다.

마찬가지로, ② 에서는 2×2를 아래 두 자리에 쓰고, 7×7을 그 왼쪽에 쓴다. 다음에는 7×2의 2배를 왼쪽 아래에 한 자리 올려서 쓰고 이것을 더한다.

```
    7 2
  × 7 2
  ─────
   4 9 0 4   ← 2×2
               7×7
     2 8    ← 7×2×2
  ─────
  5 1 8 4
```

그 이유는 다음과 같다.

십의 자리를 a, 일의 자리를 b라고 하면, 두 자릿수는 $10a+b$이다. 그 제곱은

$$(10a+b)^2 = 100a^2 + 2 \times 10a \times b + b^2$$
$$= (a^2 \times 100 + b^2) + 2ab \times 10$$

이므로, 그대로 계산한 것이다.

연습문제 78

①   87   ②   37   ③   93
     × 87   × 37   × 93

제 5 장
나누어 떨어지는지 속산으로 알아본다

문제 79

2와 5로 나누어 떨어지는가

1. 843268은 2로 나누어 떨어지는가
2. 294315는 5로 나누어 떨어지는가

> **코멘트**
>
> 어떤 수가 2나 5로 나누어 떨어지는지의 판단은 간단하다. 설명할 필요도 없겠지만, 일의 자릿수를 모두 조사하여 순서대로 다루어 보았다.

해답

우리가 사용하고 있는 수의 사용 방법은 **10진법**(十進法)이라 한다. 10배할 때마다 자리올림을 하는 것으로, 당연한 것같이 보인다. 그러나 2배할 때마다 자리올림을 하는 **2진법**이나, 16배할 때마다 자리올림을 하는 **16진법**도 있다.

어떤 수가 한 자리수로 나누어 떨어질지 어떨지 여부의 판단은 몇 진법을 사용하는지에 따라 달라진다.

10진법에서는 $10 = 2 \times 5$의 성질로부터 2와 5로 나누어 떨어지는지를 판단하는 것이 간단하다.

①의 843268이 2로 나누어 떨어지는지를 조사하기 위해서는
$$843268 = 843260 + 8$$
$$(84326 \times 5) \times 2 + 8$$

로 쓰고, 10 이상은 항상 2로 나누어 떨어지는 것을 확인해 둔다. 그러니까 맨끝의 일의 자릿수만을 보면 되며, 이것이 **짝수**이면 2로 나누어 떨어지고, **홀수**이면 나머지가 1이 된다.

②의 294315가 5로 나누어 떨어지는지의 판단도 마찬가지로,
$$294315 = (29431 \times 2) \times 5 + 5$$

로 쓰면 맨끝의 한 자릿수로 판단할 수 있다. 맨끝 수가 0이나 5이면 5로 나누어 떨어지고, 그렇지 않으면 맨끝 수를 5로 나눈 나머지가 전체를 5로 나눈 나머지가 된다.

연습문제 79

① 743187은 2로 나누어 떨어지는가

② 277208은 5로 나누어 떨어지는가

문제 80

4와 25로 나누어 떨어지는가

① 298736은 4로 나누어 떨어지는가

② 318875는 25로 나누어 떨어지는가

─ 코멘트 ─

어떤 수가 4나 25로 나누어 떨어지는가의 판단은 바로 앞 문제 【문제 79】의 응용으로 가능하다. 2의 2배가 4이고, 5의 5배가 25이기 때문이다. 그러나 맨끝 자릿수만으로 판단할 수는 없다.

해답

10이 2와 5의 곱이 되는 것처럼 100은
$$100 = 4 \times 25$$
이다. 여기서 ① 은 298736을
$$298736 = 298700 + 36$$
$$= (2987 \times 25) \times 4 + 36$$
으로 쓰면, 100 이상은 항상 4로 나누어 떨어진다. 그러므로 맨끝의 두 자릿수만을 보고, 그것이 4로 나누어 떨어지면 전체의 수도 4로 나누어 떨어지는 것으로 판단한다. 이 경우는 36이 4로 나누어 떨어지므로 298736도 4로 나누어 떨어진다.

② 의 318875가 25로 나누어 떨어지는지의 판단도 마찬가지로
$$318875 = (3188 \times 4) \times 25 + 75$$
로 쓰면, 맨끝 두 자릿수로 판단할 수 있다. 이것이 25로 나누어 떨어지면 전체수도 25로 나누어 떨어지고, 나누어 떨어지지 않으면 전체수도 나누어 떨어지지 않는다.

이때 맨끝 두 자릿수를 25로 나눈 나머지가 전체를 25로 나눈 나머지가 된다.

이 문제에서는 75가 25로 나누어 떨어지므로 318875도 25로 나누어 떨어진다.

연습문제 80

① 904124는 4로 나누어 떨어지는가

② 412345는 25로 나누어 떨어지는가

문제 81

3과 6으로 나누어 떨어지는가

1. 87531은 3으로 나누어 떨어지는가
2. 790434는 6으로 나누어 떨어지는가

코멘트

어떤 수가 3과 6으로 나누어 떨어지는가의 판정은 2, 4, 5, 25와 같이 끝의 몇 자리 정도에서 알아보아서는 안된다. 이번에는 어떤 자릿수도 무시할 수는 없지만, 그 수를 3과 6으로 나누어 볼 필요도 없다. 좀 더 쉽게 판정할 수 있다.

해답

1의 87531이 3으로 나누어 떨어지는지의 판정에는 각 자리의 숫자를 그대로 더해서

$$8+7+5+3+1=24$$

로 한다. 그 24를 원래의 87531의 **숫자 합**이라고 한다. 그러면 숫자합을 3으로 나눈 나머지와 원래의 수를 3으로 나눈 나머지는 항상 일치한다. 이것은 87531이

$$87531 = 8 \times (9999+1) + 7 \times (999+1) + 5$$
$$\times (99+1) + 3 \times (9+1) + 1 = (8 \times 3333 + 7 \times 333 + 5$$
$$\times 33 + 3 \times 3) \times 3 + (8+7+5+3+1)$$

로 쓸 수 있기 때문이다.

이 경우는 24가 3으로 나누어 떨어지므로 87531도 3으로 나누어 떨어진다. 또한 다시 24의 숫자합도 취해서 6으로 해도 된다.

이와 같이 숫자합을 차례로 취하면 마지막에는 한 자리의 숫자합이 된다. 이때 그것이 9이면 다시 9를 빼서 0으로 한다. 그러면 어떤 수도 최종적으로는 0에서 8 사이에 넣는다. 이것을 숫자합과 구별하고 싶을 때는 특히 **숫자근**(數字根)이라고 한다.

②의 790434가 6으로 나누어 떨어지는지의 판정은 우선 숫자합을 만들어서, 3으로 나누어 떨어지는지를 조사한다. 그렇게 하면,

$$7+9+0+4+3+4 = 27$$

이 되므로, 3으로 나누어 떨어진다. 한편, 790434는 짝수이므로 2로도 나누어 떨어진다. 이렇게 해서 790434는 3×2, 즉 6으로 나누어 떨어진다고 판정한다.

연습문제 81

① 867783은 3으로 나누어 떨어지는가

② 7482558은 6으로 나누어 떨어지는가

문제 82

7로 나누어 떨어지는가 (1)

1. 11361은 7로 나누어 떨어지는가
2. 394529는 7로 나누어 떨어지는가

┌─ 코멘트 ─┐

어떤 수가 7로 나누어 떨어지는가의 판정에는 좋은 방법이 있다. 그러나 그 방법을 모르면 좀처럼 생각해 낼 수 없는 방법이다. 우선 6자리 이하의 수에 대해서 조사하고 다음의 【문제 83】에서 일반적인 수를 조사한다.

┌─ 해답 ─┐

1 에서는 맨끝에서부터 두 자리씩 61, 13, 1로 구분하고, 7로 나눈 나머지를 쓴다. 다음에는 이것은 두 자리씩 16과 65로 묶어서 7로 나눈 나머지를 쓴다. 그 다음 이것의 오른 쪽에서부터 왼쪽을

```
 1 ⋮ 13 ⋮ 61
 ↓    ↓    ↓
 1    6    5
    16   65
     ↓    ↓
     2    2
        0
```

뺀 차가 11361을 7로 나눈 나머지이다. 여기서는 나머지가 0이므로 나누어 떨어진다. 다만, 마이너스이면 7을 더해서 플러스로 한다.

2 에서는 같은 방법으로 계산하면 마지막 오른쪽에서 왼

쪽을 뺀 차이는 2이다. 그러므로 394529는 7로는 나누어 떨어지지 않고, 나머지는 2가 된다. 그 이유는 다음과 같다.

394529에서 4와 3과 1을 구하는 것은,

394529 − (350000 + 4200 + 28)
　　= 40301 = 4 × 10000 + 3 × 100 + 1

로 하는 것으로, 이것을 (a×10000+b×100+c)로 일반적인 방법으로 써 본다. 그러면

10000 = 1428 × 7 + 4, 100 = 14 × 7 + 2

이므로, (a×10000+b×100+c)를 7로 나눈 나머지와 ($4a+2b+c$)를 7로 나눈 나머지는 같다.

한편 두 자리씩인 43, 31을 $a=4$, $b=3$, $c=1$로 보면, ($10a+b$), ($10b+c$)로 쓴다.

이렇게 해서 오른쪽에서 왼쪽으로의 차이는 7의 배수를 무시하면　($10b+c$) − ($10a+b$) = ($4a+2b+c$)

가 된다. 이것은 앞의 양식과 형식적으로는 같은 것으로서(실제는 7의 배수만 다르다), 처음의 394529를 7로 나눈 나머지와 마지막의 31−43(또는 3−1)을 7로 나눈 나머지는 같아지는 것이다.

```
39 ┆ 45 ┆ 29
 ↓    ↓    ↓
 4    3    1
  ⌣⌣  ⌣⌣
  43    31
   ↓     ↓
   1     3
    ⌣⌣⌣
     2
```

┌─ 연습문제 82 ─────────────┐
① 242172는 7로 나누어 떨어지는가
② 416797은 7로 나누어 떨어지는가
└────────────────────┘

문제 83

7로 나누어 떨어지는가 (2)

1. 457654218은 7로 나누어 떨어지는가
2. 902548683927은 7로 나누어 떨어지는가

> **코멘트**
>
> 1000000을 7로 나누면 몫은 142857이고 나머지는 1이 된다. 이때 나머지가 1이 되는 경우가 중요하고, 이것에 의해서 7자리 이상의 수를 6자리씩 구분해서 조사한다. 즉, 바로 앞의 【문제 82】 방법은 몇 자릿수에도 사용할 수 있다.

> **해답**
>
> 1000000을 7로 나누면, 1000000÷7=142857……나머지 1이 된다. 그러므로 457000000을 7로 나누어도, 457을 7로 나누어도 【문제 82】의 방법은 그대로 사용될 수 있다.
>
> 1에서는 맨끝에서부터 두 자리씩 18, 42, 65, 57, 4로 구분하고

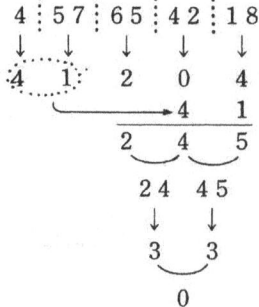

7로 나눈 나머지를 쓴다. 다음에는 4와 1을 오른쪽 끝까지 비켜 놓고, 원래의 나머지와 더한 뒤, 7로 나눈 나머지를 쓴다. 이것을 두 자리씩 24와 45로 묶어서 7로 나눈 나머지를 오른쪽에서 왼쪽으로 빼면, 이것이 457654218을 7로 나눈 나머지이다.

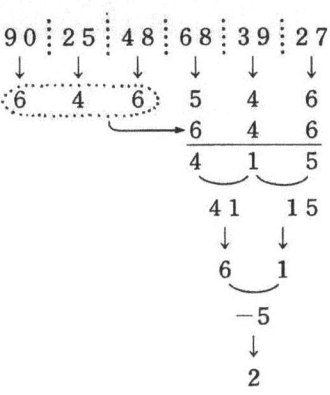

이렇게 해서 6자리씩을 하나로 묶으면 몇 자릿수라도 같은 방법을 사용할 수 있다.

2에서는 맨끝에서 두 자리씩 구분해서 동일한 계산을 하면 마지막의 수는 2가 된다. 그러므로 902548683927을 7로 나눈 나머지는 2이다.

연습문제 83

① 6406638은 7로 나누어 떨어지는가

② 3528931644는 7로 나누어 떨어지는가

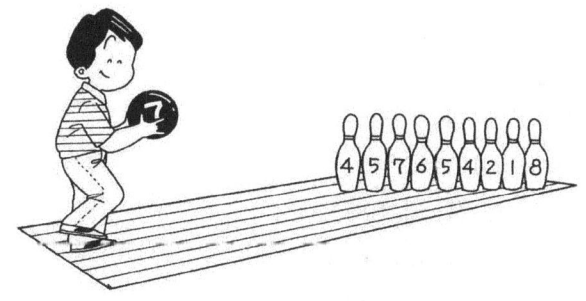

문제 84

8과 16으로 나누어 떨어지는가

1. 687184는 8로 나누어 떨어지는가
2. 968944는 16으로 나누어 떨어지는가

> **코멘트**
>
> 2와 4로 나누어 떨어지는지의 판정은 8과 16으로 나누어 떨어지는지의 판정으로 확장된다. 2의 2배가 4이고, 그것의 2배가 8이고, 또 그것의 2배가 16이기 때문이다.

> **해답**

10이 2로 나누어 떨어지고, 100이 4로 나누어 떨어지는 것과 같이, 1000은 8로 나누어 떨어지고, 10000은 16으로 나누어 떨어진다.

실제로 나누면

$$1000 \div 8 = 125$$
$$10000 \div 16 = 625$$

이다. 그러므로 1의 687184는

$$687184 = 687000 + 184$$
$$= (687 \times 125) \times 8 + 184$$

가 되고, 1000 이상은 항상 8로 나누어 떨어진다. 그러므로 맨끝의 세 자릿수만을 보고, 그것이 8로 나누어 떨어지면 전체의 수도 8로 나누어 떨어진다고 볼 수 있다.

이 경우는 184는 8로 나누어 떨어지므로 687184도 8로 나누어 떨어진다.

② 의 968944는

$$968944 = 960000 + 8944$$
$$= (96 \times 625) \times 16 + 8944$$

```
2 ) 8944
2 ) 4472
2 ) 2236
2 ) 1118
    559
```

가 되므로, 10000 이상은 항상 16으로 나누어 떨어진다.

여기서 맨끝 네 자리의 8944가 16으로 나누어 떨어지는지를 조사하고, 이 결과는 968944가 16으로 나누어 떨어지는지의 판정에 그대로 사용한다. 그리고 8944가 16으로 나누어 떨어지는지는 2로 계속해서 나누는 것이 가장 간단하다.

연습문제 84

① 31768376은 8로 나누어 떨어지는가

② 28733216은 16으로 나누어 떨어지는가

문제 85

9, 12, 18로 나누어 떨어지는가

1̄ 5873643는 9로 나누어 떨어지는가

2̄ 2549112는 12로 나누어 떨어지는가

3̄ 5317722는 18로 나누어 떨어지는가

코멘트

【문제 81】의 숫자합을 자세히 보면, 9로 나눈 나머지에도 그대로 사용할 수 있다. 사실은 숫자합(또는 숫자근)의 본래의 성질은 3으로 나누었을 때의 나머지보다 9로 나눈 나머지를 보기 위한 것이었다.

해답

1̄ 의 5873643을 【문제 81】과 같은 방법으로 하면,
$$5873643 = 5 \times 999999 + 8 \times 99999 + 7 \times 9999 + 3 \times 999 + 6 \times 99 + 4 \times 9 + (5+8+7+3+6+4+3)$$

이 된다. 그러니까 숫자합을 9로 나눈 나머지가 전체를 9로 나눈 나머지도 된다. 즉 숫자합은 3 또는 9로 나눈 나머지로도 사용할 수 있다.

여기서는 숫자합인 36은 9로 나누어 떨어지므로 원래의

5873643도 9로 나누어 떨어진다.

②의 2549112에서는 숫자합은
$$2+5+4+9+1+1+2=24$$
가 되고 3으로 나누어 떨어진다. 한편, 2549112의 맨끝 두 자리는 12이므로, 4로 나누어 떨어진다. 이렇게 해서 2549112는 3으로도, 4로도 나누어 떨어지므로 그 곱인 12로도 나누어 떨어진다.

③의 5317722에서 숫자합은
$$5+3+1+7+7+2+2=27$$
이 되고 9로 나누어 떨어진다. 한편, 5317722는 짝수이므로 2로도 나누어 떨어진다. 이렇게 해서 9로도, 2로도 나누어 떨어지므로 그 곱인 18로도 나누어 떨어진다.

연습문제 85

① 33860637은 9로 나누어 떨어지는가

② 73792692는 12로 나누어 떨어지는가

③ 22353804는 18로 나누어 떨어지는가

문제 86

11로 나누어 떨어지는가

① 94754는 11로 나누어 떨어지는가

② 724658은 11로 나누어 떨어지는가

코멘트

어떤 수가 11로 나누어 떨어지는가의 판정에는 정말 좋은 방법이 있다. 10, 100, 1000, 10000과 같이 1 다음에 0이 몇 개 계속되는 수에서는 0이 홀수개이면, 그것에 1을 더한 수가 11로 나누어 떨어지고, 0이 짝수개이면 거기서 1을 뺀 수가 11로 나누어 떨어지기 때문이다. 이 성질을 잘 이용해 보자.

해답

99, 9999, 999999와 같이 짝수개의 9가 배열된 수는 11로 나누어 떨어진다. 또한 이것의 10배에 11을 더한

$$99 \times 10 + 11 = 1001$$
$$9999 \times 10 + 11 = 100001$$
$$999999 \times 10 + 11 = 10000001$$

도 11로 나누어 떨어진다. 여기서 ①의 94754를

$$94754 = 90000+4000+700+50+4$$
$$= 9 \times (9999+1) + 4 \times (1001-1)$$
$$+ 7 \times (99+1)$$
$$+ 5 \times (11-1) + 4$$
$$= 9 \times 9999 + 4 \times 1001 + 7 \times 99 + 5 \times 11$$
$$+ (9-4+7-5+4)$$

로 쓰면, 마지막의

$$9-4+7-5+4 = 11$$

이 11로 나누어 떨어지면 94754도 11로 나누어 떨어지게 된다. 이것은 각 자리의 숫자를 서로 더하기도 하고 빼기도 해서 간단하게 계산할 수 있다.

이 경우는 이것이 11로 나누어 떨어지므로 원래의 94754도 11로 나누어 떨어진다.

2 의 724658에서는

$$7-2+4-6+5-8 = 0$$

이 되므로, 역시 11로 나누어 떨어진다. 이와 같이 0도 11로 나누어 떨어진다.

연습문제 86

① 283635는 11로 나누어 떨어지는가

② 79283908은 11로 나누어 떨어지는가

문제 87

13으로 나누어 떨어지는가

1. 45617은 13으로 나누어 떨어지는가
2. 589186은 13으로 나누어 떨어지는가

> **코멘트**
>
> 어떤 수가 13으로 나누어 떨어지는가의 판정은 자릿수가 많아질수록 복잡한 방법이 된다. 그래도 실제로는 13으로 나누기보다는 좀 더 간편하다.

해답

1 에서는 45617의 상위 두 자리의 45를 취하고, 4의 3배에서 5를 빼서 7로 만든다. 다음에는 이 7의 3배에 세 자리째의 6을 더하고, 27로 만든다. 그리고 13보다

$4 \times 3 - 5 = 7$
$7 \times 3 + 6 = 27 \rightarrow 1$
$1 \times 3 - 1 = 2$
$2 \times 3 + 7 = 13 \rightarrow 0$

크면 13으로 나눈 나머지인 1로 바뀌어진다. 다음에는 1의 3배에서 네 자리째의 1을 빼서 2로 만든다. 마지막으로 이 2의 3배에 5자리째의 7을 더하여 13으로 만든다. 그러면 이것은 13으로 나누어 떨어지므로 0으로 바꿔 놓는다.

이와 같이 지금 구한 수의 3배에서 다음 자릿수를 빼기도

제 5 장 나누어 떨어지는지 속산으로 알아본다

하고, 더하기도 해서 마지막으로 얻어진 수가 0이면 원래의 45617도 13으로 나누어 떨어진다.

그 이유는 다음과 같다.

두 자릿수를 일반적으로 $(10a+b)$로 쓰고 여기서 $13a$를 빼면 $-(3a-b)$가 된다.

$5 \times 3 - 8 = 7$
$7 \times 3 + 9 = 30 \to 4$
$4 \times 3 - 1 = 11$
$11 \times 3 + 8 = 41 \to 2$
$2 \times 3 - 6 = 0$

이것은 a의 3배에서 b를 뺀 것의 마이너스이고, 이것은 $-x$라고 쓴다. 그리고 b의 다음 자리를 c라고 하면, 그 두 자리는 $(-10x+c)$이다. 여기서 이것에 $13x$를 더하여 $(3x+c)$로 만든다. 이것은 x의 3배에 c를 더한 것이므로, 이렇게 해서 3배에서 서로 빼거나 더하는 조작이 나오는 것이다.

2 의 589186에서도 같은 방법을 사용할 수 있으며, 13으로 나누어 떨어진다.

연습문제 87

① 77389는 13으로 나누어 떨어지는가

② 1084174는 13으로 나누어 떨어지는가

제6장
속산으로 검산한다

문제 88

덧셈을 확인한다

```
  ①                    ②
    3623                29528
    1218                47113
  +1897                + 5078
  ─────               ──────
    6738                81719
```

> **코멘트**
>
> 덧셈의 결과가 나타났을 때 그것이 정확한가를 확인하기 위해서 같은 계산을 다시 한 번 반복할 필요는 없다. **구거법**(九去法)이라는 방법을 사용하면 간단하게 **검산**(시험계산)을 할 수 있다. 구거법은 소숫점에 관계없이 사용할 수 있는 검산으로 아라비아인들이 사용했다고 한다.

해답

① 에서는 각 수의 숫자합을 구하고, 두 자리 이상이면 같은 조작을 한 자리가 될 때까지 반복하고, 마지막에는 【문제 81】에 기술된 숫자근으로 한다. 그리고 숫자근에 대한 덧셈을 하고, 답인 6738의 숫자근과 비교한다. 이것이 같으면 원래의 덧셈은 정확한 것이다.

$$
\begin{aligned}
&3623 \to 3+6+2+3 \to 14 \to 5 \\
&1218 \to 1+2+1+8 \to 12 \to 3 \\
&+1897 \to 1+8+9+7 \to 25 \to 7 \\
&\overline{6738} \to 6+7+3+8 \to 24 \to 6
\end{aligned} \Big\} \overset{+}{\to} 15 \to 6
$$

그 이유는 이 장의 마지막에 상세하게 설명했으므로 여기서는 요점만을 기술한다. 【문제 85】에서 기술했듯이 숫자근은 그 수를 9로 나누었을 때의 나머지이므로, 숫자근에 의한 덧셈은 9로 나눈 나머지로 검산하고 있는 것과 같다. 그 때문에 9의 배수만의 계산 착오는 못 보고 지나칠 것 같지만 그런 경우는 적다고 본다. 이 방법은 어떤 수에서도 9를 차례로 제거하는 것이기 때문에, 구거법(즉, 9를 제거하는 법)이라고 한다.

2에서도 동일하게 구거법을 사용하면 답이 정확한지를 알 수 있다.

$$
\begin{aligned}
&29528 \to 2+9+5+2+8 \to 26 \to 8 \\
&47113 \to 4+7+1+1+3 \to 16 \to 7 \\
&+\ 5078 \to 5+0+7+8 \to 20 \to 2 \\
&\overline{81719} \to 8+1+7+1+9 \to 26 \to 8
\end{aligned} \Big\} \overset{+}{\to} 17 \to 8
$$

이 문제에서는 각 행의 숫자근을 계산했지만 9가 되는 조합을 생략한 계산이 물론 능률적이다.

연습문제 88

검산하여라.

①		②		③	
	3942		48173		90543
	9694		38435		95436
+	5677		8845		62204
	19413	+	68092	+	78149
			163545		316332

문제 89

뺄셈을 확인한다

①
```
  6986
- 3797
  ----
  3189
```

②
```
  924524
- 746857
  ------
  177667
```

> **코멘트**
>
> 구거법에 의한 검산은 뺄셈에도 사용할 수 있다. 9로 나눈 나머지로 조사하는 방식은 덧셈에서나 뺄셈에서도 완전히 같기 때문이다.

해답

①에서는 각 수의 숫자근을 구하면 6986이 2이고, 3797이 8이고, 3189가 3이 된다. 여기서 2에서 8을 빼면

$$2-8=-6$$

이 되는데, 이때는 9를 더해서 3으로 한다. 즉, 9를 빼는 것과 마찬가지로 9를 더하는 것도 자유이다.

$$\left.\begin{array}{l}6986 \to 6+9+8+6 \to 29 \to 11 \to 2 \\ -3797 \to 3+7+9+7 \to 26 \to 8 \\ \hline 3189 \to 3+1+8+9 \to 21 \to 3\end{array}\right\} 2-8 \to -6 \to 3$$

그러면 구거법으로 계산한 마지막 결과는 항상 0에서 8 사이에 들어간다. 즉 위의 답은 정답이다.

②에서는 숫자근에 의한 뺄셈이

$$8-1=7$$

이 되어, 원래의 뺄셈도 정확하다고 생각한다.

$$\left.\begin{array}{l}924524 \to 9+2+4+5+2+4 \to 26 \to 8 \\ -746857 \to 7+4+6+8+5+7 \to 37 \to 10 \to 1 \\ \hline 177667 \to 1+7+7+6+6+7 \to 34 \to 7\end{array}\right\} 8-1 \to 7$$

연습문제 89

검산하여라.

①   791086
      − 37199
       753887

②   74281147
    −56567689
     17713458

문제 90

덧셈, 뺄셈의 혼합산을 확인한다

$\boxed{1}$
$$
\begin{array}{r}
97243 \\
-38165 \\
+14237 \\
-54319 \\
\hline
18996
\end{array}
$$

$\boxed{2}$
$$
\begin{array}{r}
764842 \\
-572994 \\
+875536 \\
-936698 \\
\hline
131686
\end{array}
$$

코멘트

구거법에 의한 검산은 덧셈과 뺄셈의 혼합 계산에도 사용될 수 있다. 그리고 계산 내용이 복잡해 질수록 구거법의 위력은 훨씬 더 잘 발휘된다. 검산의 매력이 바로 이런 곳에 있다.

해답

$\boxed{1}$의 혼합산에서는 각 수를 숫자근으로 바꿔 놓은 후에 숫자근에 의한 계산을 한다. 그러면,

$$
\left.
\begin{array}{r}
97243 \to 9+7+2+4+3 \to 25 \to 7 \\
-38165 \to 3+8+1+6+5 \to 23 \to 5 \\
+14237 \to 1+4+2+3+7 \to 17 \to 8 \\
-54319 \to 5+4+3+1+9 \to 22 \to 4 \\
\hline
18996 \to 1+8+9+9+6 \to 33 \to 6
\end{array}
\right\} \to
\begin{array}{r}
7 \\
-5 \\
+8 \\
-4 \\
\hline
6
\end{array}
$$

이 되고, 정확한 계산이다. 그러므로 원래의 혼합산의 답도 정확하다고 생각한다.

②의 혼합산에서는 숫자근에 의한 계산을 같은 방식으로 하면

$$
\begin{array}{r}
764842 \rightarrow 7+6+4+8+4+2 \rightarrow 31 \rightarrow 4 \\
-572994 \rightarrow 5+7+2+9+9+4 \rightarrow 36 \rightarrow 9 \rightarrow 0 \\
+875536 \rightarrow 8+7+5+5+3+6 \rightarrow 34 \rightarrow 7 \\
-936698 \rightarrow 9+3+6+6+9+8 \rightarrow 41 \rightarrow 5 \\
\hline
131686 \rightarrow 1+3+1+6+8+6 \rightarrow 25 \rightarrow 7
\end{array}
\quad \rightarrow \quad
\begin{array}{r}
4 \\
0 \\
+7 \\
-5 \\
\hline
6
\end{array}
$$

이 되고, 숫자근에 의한 계산은 맞지 않는다. 이때는 원래의 계산도 틀렸다고 단언할 수 있다.

그리고 정확한 답은 130686이었다.

숫자근에 의한 계산이 정확하다고 해서 원래의 계산이 반드시 바르다고는 할 수 없지만, 숫자근에 의한 계산이 정확하지 못하면 원래의 계산은 분명히 틀렸다고 할 수 있다.

[연습문제 90]

검산하여라.

①
$$
\begin{array}{r}
192825 \\
-449086 \\
+910216 \\
-607071 \\
\hline
46884
\end{array}
$$

②
$$
\begin{array}{r}
81375193 \\
-57131379 \\
+22326516 \\
-74849821 \\
+51734764 \\
\hline
23355273
\end{array}
$$

문제 91

곱셈을 확인한다

①
```
     3746
   ×  286
   1071356
```

②
```
     9547
   × 6849
   65397403
```

> **코멘트**
>
> 덧셈과 뺄셈에서는 보통 계산을 반복해도 그다지 어려움은 없다. 그러나 곱셈을 반복하는 것은 자릿수가 많아지면 큰 작업이 된다. 구거법의 진정한 위력은 곱셈과 나눗셈에서 발휘되는 것이다.

> **해답**

9로 나눈 나머지에서 답을 조사하는 방법은 곱셈에도 그대로 사용할 수 있다. 사실은 7이나 8로 나눈 나머지라도 괜찮지만, 9로 나누었을 때의 나머지만이 간단하게 구해진다.

여기서 ①을 숫자근으로 바꿔 놓은,

$$
\begin{array}{r}
3746 \rightarrow 3+7+4+6 \rightarrow 20 \rightarrow 2 \\
\times \quad 286 \rightarrow 2+8+6 \rightarrow 16 \rightarrow 7 \\
\hline
1071356 \rightarrow 1+0+7+1+3+5+6 \rightarrow 23 \rightarrow 5
\end{array}
\right\} \rightarrow
\begin{array}{r}
2 \\
\times 7 \\
\hline
5
\end{array}\;14
$$

가 되고, 정확한 계산이 된다. 그러므로 원래의 곱셈도 정확하다고 할 수 있다.

②를 숫자근으로 바꿔 놓으면

$$\begin{array}{r} 9547 \to 9+5+4+7 \to 25 \to 7 \\ \times\ 6849 \to 6+8+4+9 \to 27 \to 9 \to 0 \\ \hline 65397403 \to 6+5+3+9+7+4+0+3 \to 37 \to 1 \end{array} \to \begin{array}{r} 7 \\ \times 0 \\ \hline 0 \end{array}$$

가 되고 계산은 틀리다. 그러므로 원래의 계산도 틀렸다고 할 수 있다. 그러나 어디서 틀렸는지를 찾아 내기 위해서는 다시 한 번 보통 곱셈을 해보는 수밖에 없다. 정확한 답은 65387403이다. 이와 같이 구거법에 의한 검산은 계산 착오를 발견할 수 있어도 정확한 값으로 고칠 수는 없다.

연습문제 91

검산하여라.

① $\begin{array}{r} 3089 \\ \times\ 941 \\ \hline 2925283 \end{array}$ ② $\begin{array}{r} 84627 \\ \times 4373 \\ \hline 370073871 \end{array}$

문제 92

나눗셈을 확인한다

①   6897 ······ 나머지 0
     289) 1993233

②   38924 ······ 나머지 26
     378) 14713298

코멘트

  나눗셈은 곱셈의 반대 계산이므로 구거법에 의한 검산을 할 때는 우선 곱셈의 형태로 바꾸어 쓴다. 그러니까 숫자근의 계산을 하면 곱셈과 같다. 다만, 나머지가 나오는 나눗셈은 약간의 주의가 필요하다.

해답

①에서는

6897×289=1993233

으로 바꾸어 쓸 수 있으므로,

6897→6+8+9+7→30→3

289→2+8+9→19→1

1993233→1+9+9+3+2+3+3→30→3

에서 숫자근에 의한 곱셈은

3×1=3

이다. 이것은 정확하기 때문에 원래의 나눗셈도 정확하다고 볼 수 있다.

②에서는 나머지가 있으므로

38924×378+26=14713298

로 바꾸어 쓴다. 이들의 숫자근을 계산하면,

38924→8, 378→0, 26→8, 14713298→8

이 되므로 숫자근에 의한 계산은

8×0+8=8

이다. 이것은 정확하기 때문에 원래의 계산도 정확하다고 할 수 있다.

연습문제 92

검산하여라.

① 32) 9152 (286)

② 6843) 3606285 (527 ······ 나머지 24)

● **구거법의 원리**

이 장에서 조사한 바와 같이 가감승제의 검산을 할 때는 구거법이 강력한 위력을 발휘한다.

구거법에 관해서는 지금까지 필요에 따라서 간단한 설명을 해왔으나 여기서 종합적으로 다시 정리해 본다.

구거법은 보통의 덧셈, 뺄셈, 곱셈, 나눗셈을 각각의 숫자합(숫자근)으로 바꿔 놓고, 그것에 의한 계산이 정확한지 어떤지의 여부를 가지고 원래의 계산이 정확한지를 검산하는 것이다. 이때 뺄셈은 덧셈의 역조작이고, 나눗셈은 곱셈의 역조작이므로, 기본이 되는 덧셈과 곱셈에 관해서 설명하면 뺄셈과 나눗셈의 설명은 생략해도 될 것이다.

우선 숫자합과 숫자근에 대한 성질을 보기로 하자.

〔성질 1〕

어떤 임의의 수를 9로 나눈 나머지는 그 수의 숫자합을 9로 나눈 나머지와 같고, 이 나머지는 숫자근과 일치한다.

예를 5자릿수 48676으로 들면, 이것은

$$48676 = 40000 + 8000 + 600 + 70 + 6$$
$$= 4 \times (9999+1) + 8 \times (999+1) + 6 \times (99+1) + 7 \times (9+1) + 6$$
$$= (4 \times 9999 + 8 \times 999 + 6 \times 99 + 7 \times 9) + (4+8+6+7+6)$$

로 바꾸어 쓸 수 있고, 48676을 9로 나눈 나머지와 숫자합의 31(=4+8+6+7+6)을 9로 나눈 나머지는 같아진다. 그러면 아주 같은 이유로 31을 9로 나눈 나머지와 숫자합의 4(=3+1)를 9로 나눈 나머지도 같아진다.

이 48676에서는 2회째의 숫자합으로 한 자리가 되었으나, 좀더 큰 수에서는 여러 번 숫자합을 만들어서 한 자리가 될 때까지 반복한다. 이 최종적인 숫자합이 숫자근이므로 어떤 수를 9로 나눈 나머지도 그 수의 숫자근이 되는 것이다. 그리고 마지막 한 자리의 숫자합이 9가 되었을 때는 거기서 9를 빼서 숫자근을 0으로 만든다. 이렇게 하면 숫자근은 항상 0에서 8 사이에 들어간다.

다음에는 구거법에 의한 덧셈의 검산을 살펴보기로 하자. 그 기본적인 성질은 다음과 같다.

〔성질 2〕
몇 개의 수의 합을 9로 나눈 나머지는 각 수의 숫자합(숫자근)의 합을 9로 나눈 나머지와 같다.

〔성질 1〕에 의해서 덧셈을 할 때의 개개의 수에 관해서는 그것을 9로 나눈 나머지와 그 숫자합을 9로 나눈 나머지는 양쪽 모두 같아진다. 그러므로 【문제 88】의 ①을 예로 들면,

$3623 = (어떤 수의 9배) + (3+6+2+3)$
$\quad\quad = (어떤 수의 9배) + 5$
$1218 = (어떤 수의 9배) + (1+2+1+8)$
$\quad\quad = (어떤 수의 9배) + 3$
$1897 = (어떤 수의 9배) + (1+8+9+7)$
$\quad\quad = (어떤 수의 9배) + 7$

로 쓸 것이다. 그러므로 이 세 수를 더한 것은

$3623+1218+1897=$(어떤 수의 9배)$+(5+3+7)$
$=$(어떤 수의 9배)$+6$

이 된다. 한편 6738은

$6738=$(어떤 수의 9배)$+(6+7+3+8)$
$=$(어떤 수의 9배)$+6$

이 되고, 양쪽 모두 동일한 표현이 된다. 이렇게 해서 숫자합이나 숫자근으로 검산할 때 9의 배수를 무시하면 계산이 정확한지를 알 수 있다. 이때 계산 착오는 1이나 2 정도가 고작이고, 한 번에 9씩 틀리는 법은 없기 때문에 구거법의 검산이 정확하면 원래의 덧셈도 정확하다고 볼 수 있다.

다음에는 구거법에 의한 곱셈의 검산이다. 이를 위한 기본적인 성질은 다음과 같다.

〔성질 3〕

몇 개의 수의 곱을 9로 나눈 나머지는 각 수의 숫자합(숫자근)의 곱을 9로 나눈 나머지와 같다.

〔성질 1〕에 의해서 곱셈을 할 때의 개개의 수에 관해서는 그것을 9로 나눈 나머지와 그 숫자합을 9로 나눈 나머지는 양쪽 모두 숫자근과 같아진다. 그러므로 【문제 91】의 ① 을 예로 들면,

$3746=$(어떤 수의 9배)$+(3+7+4+6)$
$=$(어떤 수의 9배)$+2$
$286=$(어떤 수의 9배)$+(2+8+6)$

= (어떤 수의 9배) +7

로 쓸 수 있다. 그러므로 이 두 수를 곱한 것은

3746×286 = {(어떤 수의 9배) +2} × {(어떤 수의 9배) +7}
= (어떤 수의 9배) +2×7
= (어떤 수의 9배) +5

가 된다. 한편 곱의 1071356은

1071356 = (어떤 수의 9배) + (1+0+7+1+3+5+6)
= (어떤 수의 9배) +5

가 되고, 양쪽 모두 같은 방식이다. 이렇게 해서 숫자합으로 검산하면 9의 배수를 무시할 경우 계산이 정확하다는 것을 알 수 있다. 여기서는 극히 간단한 곱셈으로 설명했으며, 구거법의 원리는 이것으로 끝마친다.

그리고 지금까지의 설명에서도 알 수 있듯이 구거법의 기본적인 생각은 어떤 수로부터도 적당히 9의 배수를 제거하여 계산을 간단하게 만드는 것이다.

그러므로 38919349와 같이 원래의 수에 몇 개의 9가 포함되어 있을 때는 우선 그것을 제거하고, 38134로 만드는 것이 현명하다. 또, 36524826과 같이 최초의 두 자리의 36, 다음의 524 중의 5와 4 등은 더하면 9가 된다는 것을 곧 앎으로 역시 2826으로 간단하게 한다.

구거법을 사용할 때는 이러한 임기응변의 생각도 필요하다.

제 7 장
속산으로 잘못을 피한다

문제 93

계산 착오를 피하는 덧셈 (1)

```
  1              2
    9867           671472
  +8586         + 567889
  ─────         ────────
   18453          1239361
```

코멘트

2개의 수를 더할 때는 위와 같이 계산한다. 그러나 아래로부터 반복적인 올림이 여러 번 일어나면, 그것을 머릿속에서 처리하기 때문에 무의식 중에 계산 착오를 일으킨다. 이것을 피하기 위해서는 머리 속에서 반복적인 올림계산을 하지 말아야 한다.

해답

보통의 덧셈에서는 우선 일의 자리의 7과 6을 더하고 13에서 3만 쓰고 1은 십의 자리로 올려준다. 다음에는 십의 자리의 6과 8을 더하고, 거기에 올림한 1을 더하여 15 중에서 5만 쓰고 1은 백의 자리에 올려준다. 다음에는 백의 자리의 8과 5를 더

```
   9867
 + 8586
 ──────
  18453
```

하고 거기에 올림한 1을 더하여 14 중에서 4만 쓰고 1은 천의 자리에 올려준다. 다음에는 천의 자리의 9와 8과 올림한 1을 더하고 18을 쓴다.

이 방법에서는 아래로부터의 올림에 주의가 필요하며, 자칫하면 틀릴 수 있다. 여기서 각 자리마다 독립적으로 덧셈을 하고, 그 결과를 다시 더한다. 그러면 올림수에 신경 쓰지 않고 덧셈을 할 수 있다.

```
  9867
+ 8586
  1313
  1714
 18453
```

이때 일의 자리와 백의 자리의 덧셈, 십의 자리와 천의 자리의 덧셈은 각각 같은 줄(행)에 쓰고, 그 사이에 세로 경계선이 있다고 생각하면 효율적이다. 오른쪽 덧셈에도 같은 방법을 사용하면 몇 자릿수의 덧셈이라도 상관없다.

```
  671472
+ 567889
  131211
  11 815
 1239361
```

이 방법은 초등학교 저학년생에게는 대단히 유효하다.

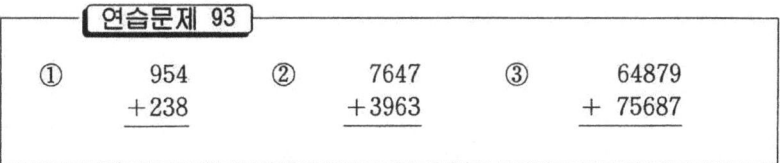

연습문제 93

① 954
  +238

② 7647
  +3963

③ 64879
  +75687

문제 94

계산 착오를 피하는 덧셈 (2)

①
```
   6392
   4685
 + 7556
```

②
```
   836767
   912542
   398506
 + 352673
```

> **코멘트**
>
> 3개 이상의 수의 덧셈에서도 【문제 93】의 방법을 그대로 사용할 수 있다. 다만, 계산 내용에 따라서는 덧셈이 2회가 아니라 3회에 걸치는 때도 있다.

해답

우선 일의 자리의 2와 5와 6을 암산으로 더하고 13을 쓴다. 다음에 십의 자리의 9와 8과 5를 더하고, 답 22를 13의 왼쪽 아래로 한 자리 올려서 쓴다. 그리고 3과 6과 5를 더하고, 그 답 14를 22의 왼쪽 위로 한 자리 올려서 쓴다. 다음에는 6과 4와 7을 더하여 그 답 17을 14의 왼쪽 아래로 한 자리 올려서 쓴다.

```
  6392
  4685
+ 7556
  1413
  1722
 18633
```

이와 같이 왼쪽 아래와 왼쪽 위로 교대로 한 자리씩 올려서 써나가면 몇 자릿수의 덧셈이라도 2행으로 쓸 수 있다. 다만, 두 자리로 구분하기 위해 덧셈의 개수는 10개 정도까지로 한다. 다음에 그 결과를 다시 더하면 답이 된다.

②에서는 2회째의 덧셈도 하위로부터의 올림이 생기고, 3회째의 덧셈이 필요하다. 이와 같이 반복 올림의 방법을 사용하지 않으면 쓸데없는 계산 잘못은 거의 피할 수 있다.

덧셈에서의 계산 잘못은 아래로부터의 반복되는 올림에서 발생하는 일이 많다.

```
  836767
  912542
  398506
+ 352673
  182318
  231817
  249 488
       10
  2500488
```

연습문제 94

①
```
  426
  152
+ 497
```

②
```
  8736
  6674
 +2968
```

③
```
  35681
  70455
  26403
+ 41978
```

문제 95

계산 착오를 피하는 뺄셈 (1)

①
　　652
　－378

②
　　8243
　－3659

> **코멘트**
>
> 　보통의 뺄셈에서는 맨 끝자리부터 차례로 빼고, 빼지 못할 때는 상위 자리에서 1을 빌린다. 그러나 1을 빌리는 일을 여러 번 되풀이하게 되면 머리 속에서 혼란이 생긴다. 이것을 피하기 위해서는 각 자리마다 독립적인 뺄셈을 해서 상위 자리에서 빌려오지 않도록 하는 것이다.
> 　이것은 한편으로는 불가능한 것 같지만 중요한 것은 생각에 달렸다.

해답

　보통의 뺄셈에서는 우선 일의 자리의 2에서 8을 빼고, 빼지 못할 때는 십의 자리에서 1을 빌려서 12에서 8을 뺀다.

　　652
　－378
　　274

　그리고, 십의 자리 5에서 빌려 준 1을 빼고, 나머지 4에서 7을 뺀다. 그리고, 뺄 수 없을 때에는 백의 자리에서 1을 빌려서 14에서 7을 뺀다. 마지막으로 백의 자리 6에서 빌린 1을 빼고 나머지 5에서 3을 뺀다.

그러나 1의 빌려주고 빌려받기를 되풀이하면 머리 속이 혼란해져서 착오를 일으킨다. 우선 일의 자리의 2에서 8을 빼고, 뺄 수 없을 때는 반대로 8에서 2를 빼고 그 답인 6은 보수인 4로 바꿔 놓는다. 그리고 반대로 뺀 것을 4의 밑에 선으로 표시한다. 다음에는 십의 자리의 5에서 7을 빼고 뺄 수 없을 때는 반대로 빼서 2를 보수 8로 바꿔 놓는다. 다음에 백의 자리의 6에서 3을 뺀다. 마지막으로 아래 선이 쳐진 수에 대해서는 그 왼쪽 바로 옆의 수에서 1을 뺀다.

여기서는 8의 왼쪽 3을 2로 바꾸고, 4의 왼쪽 8을 7로 바꾸어 쓴다. 이것이 뺄셈의 답이고, 빌리고 빌려 주는 작업이 필요없다.

이 방법에 의하면 ②도 각 자릿수마다 독립적으로 계산할 수 있다.

$$\begin{array}{r}652\\-378\\\hline 38\underline{4}\\\downarrow\\274\end{array}$$

$$\begin{array}{r}8243\\-3659\\\hline 569\underline{4}\\\downarrow\\4584\end{array}$$

연습문제 95

① 764
 − 297

② 2074
 − 687

③ 5678
 − 2783

문제 96

계산 착오를 피하는 뺄셈 (2)

①
```
   723
 - 429
```

②
```
   7326024
 - 4392028
```

> **코멘트**
>
> 뺄셈에 대한 【문제 95】의 방법은 계산이 귀찮은 주부나 초등학교 저학년생에게 유효하다. 그러나 이 방법이 어떤 뺄셈에나 다 사용할 수 있는지가 문제인데, 아주 약간의 수정만 하면 이 방법은 어느 때라도 사용할 수 있다.

해답

①에 【문제 95】의 방법을 사용하면 4의 왼쪽 옆이 0이므로, 거기서 1을 뺄 수는 없다. 이때는 그 옆자리까지 포함해서 30으로 하고 거기서 1
을 빼서 29로 만든다. 이때 그 왼쪽 옆에 0이 여러 개 계속되면 0이 다 없어질 때까지 왼쪽으로 진행한다. 그렇게 하면 언제라도 1은 뺄 수 있다. 그러나 300, 3000과 같은 수에서 1을 빼는 것이므로 그 뺄셈은 간단하다.

```
  7 2 3        7 2 3
 -4 2 9       -4 2 9
  3 0 4        3 0 4
     ↑           ↓
  0에서 1은    2 9 4
  뺄 수 없다.
```

이 방법을 ②에 사용해 보자.

우선 각 자리마다 독립적으로 뺄셈을 하면 3034006이다. 여기서 아래 선이 그어진 수를 보면 3과 6이다. 3의 왼쪽 옆은 30이

```
  7 3 2 6 0 2 4
 -4 3 9 2 0 2 8
  3 0 3 4 0 0 6
     ↓     ↓
  2 9 3 3 9 9 6
```

므로 이것은 29로 바꾼다. 그리고 6의 왼쪽 옆은 400이므로 이것을 399로 바꾼다. 이때 3과 6의 어느 쪽을 먼저 조사해도 상관없다.

이렇게 해서 답은 2933996이 된다.

연습문제 96

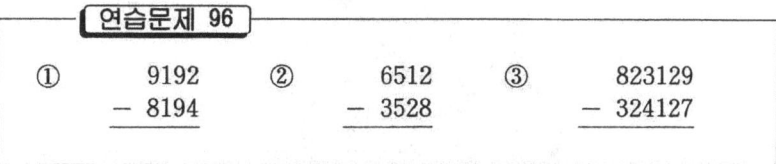

문제 97

계산 착오를 피하는 곱셈 (1)

```
  ①              ②
     68             749
   ×93            ×  78
    204           5992
   612            5243
   6324          58422
```

코멘트

보통의 곱셈에서는 68×3, 68×9를 각각 암산으로 구하고, 그 결과를 자릿수를 비켜서 더해 간다. 그러나 여기서는 암산이 필요하기 때문에 계산 착오를 일으키게 된다. 여기서는 암산을 하지 않고 한 자리의 곱셈만으로 충분히 계산할 수 있다.

해답

①에서는 68×3과 68×9의 결과를 각각 1행씩 쓰고, 그것을 더하는 것이 보통이다. 그러나 여기에는 암산이 필요하다.

```
    68         68
  × 93       × 93
   204         24
   612         18
  6324         72
               54
              6324
```

이 암산을 피하기 위해서는 어느 것이나 한 자리끼리의 곱셈으로 하고, 결과를 네 줄로 쓰면 된다. 그러면 구체적인 수를 보고 덧셈을 하기 때문에 계산 착오를 피할 수 있다. 한편, 68×3과 68×9의 결과를 점선으로 구분하고, 4행은 2행씩 경계를 지으면 한층 보기가 쉬워진다.

②에서는 749×8과 749×7을 각각 2행으로 쓰도록 한다. 맨처음의 749×8에서는 먼저 9×8의 답을 쓰고, 다음에 4×8의 답을 그 왼쪽 위에 쓴다. 다음에 7×8의 답을 그 왼쪽 아래에 쓰면 2행으로 끝난다. 이와 같이 왼쪽 아래, 왼쪽 위, 왼쪽 아래, 왼쪽 위로 교대로 나가면 한쪽이 몇 자릿수라도 그것과 한 자리의 곱셈은 2줄로 끝난다. 또한 이 계산에서는 덧셈에서도 잘못을 피하는 방법을 사용했다.

```
     749
   ×  78
    5672
      32
    4963
      28
    4232
    1612
   58422
```

연습문제 97

① 3789   ② 92   ③ 3724
 ×   7   × 47   × 64

문제 98

계산 착오를 피하는 곱셈 (2)

①
$$\begin{array}{r} 76 \\ \times\,64839 \end{array}$$

②
$$\begin{array}{r} 384 \\ \times\,6972 \end{array}$$

─ 코멘트 ─

곱셈에서는 2개의 수의 순서를 생각하는 것도 중요하다. 대부분의 경우에 곱해지는 수(피승수)보다 곱하는 수(승수)를 작게 하는 편이 계산을 편하게 만든다. 물론 $a \times b = b \times a$에서 이 **교환 공식**을 사용하는 것이다.

해답

①에서는 곱셈의 순서를 역으로 해서 64839×76으로 한다. 그러면 64839×6과 64839×7의 계산이 각각 2행씩으로 끝나고, 합계로 4행의 덧셈이 된다.

여기서 덧셈에 대해서도 2행씩 나누어서 계산하면 자리올림을 하지 않아도 된다.

```
  64839           6972
×    76         ×  384
 364854            368
  2418            2428
 425663           7216
  2821            4856
 421164            276
  71616           1821
4927764          126218
                 141514
                2677248
```

②에서는 역시 순서를 반대로 해서 6972×384로 한다.

그러면 384가 세 자리이므로 합계에서 6행의 덧셈이 된다.

여기서 덧셈을 2행으로 나누고, 그 결과를 다시 더한다. 이렇게 하면 매우 간단해지고 머리 속에서 하는 계산이 불필요하다.

이 방법은 특히 곱셈을 잘 하지 못하는 국민학생에게는 안성맞춤이다.

연습문제 98

①   7324　　　　②   6847
　　×   593　　　　　　× 492563

문제 99

계산 착오를 피하는 곱셈 (3)

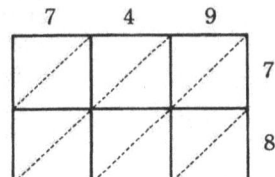

┌─ 코멘트 ─┐

　계산 착오를 피하는 곱셈으로서는 옛날부터 알려진 방법이 있다. 【문제 97】과 같은 749×78의 곱셈을 예로 들면, 오른쪽에 나타낸 직사각형을 만들어서 한 자리끼리의 곱셈을 각각 직사각형에 채워 나간다. 구체적으로는 어떤 계산을 하는 것일까.

해답

오른쪽과 같이 곱해지는 수 749를 직사각형의 윗쪽에 쓰고, 곱하는 수 78을 오른쪽에 쓴다. 그리고 윗쪽과 오른쪽의 수를 하나씩 곱하고, 그 답을 직사각형 속에 채운다.

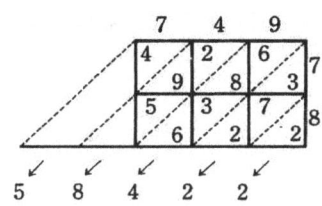

이때 사선의 왼쪽에 십의 자릿수, 오른쪽에 일의 자릿수를 쓴다. 그리고 모든 직사각형이 채워진 뒤 같은 사선 내의 수를 오른쪽에서부터 차례로 더해 간다.

여기의 예에서는 우선 2, 다음에는 3과 7과 2, 그 다음에는 6과 8과 3과 6, 그리고 2와 9와 5, 다음에는 4와 같이 한다.

이때 아래로부터의 반복올림수도 왼쪽 옆의 사선 내에 포함하면 곱셈의 답이 된다.

이 방법은 【문제 97】의 방법과 본질적으로 같고, 모두 한 자릿수의 덧셈으로 하고 있다. 그러나 곱셈의 답을 써 넣을 직사각형이 필요하고, 사전에 준비해야 한다.

연습문제 99

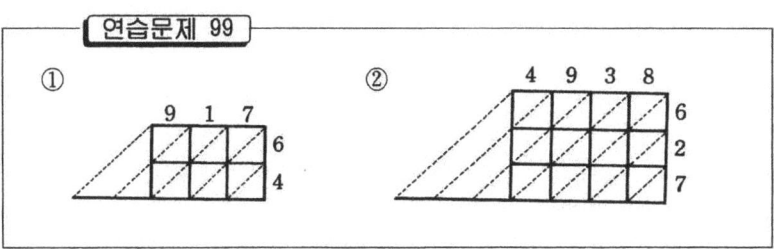

문제 100

계산 착오를 피하는 나눗셈

167) 1590570856

> **코멘트**
>
> 나눗셈에서는 각 자리마다 곱셈과 뺄셈을 해서 몫을 상위부터 차례로 구해 간다. 이때 곱하는 수는 항상 같기 때문에 몫의 자릿수가 많아질 때는 미리 곱셈의 일람표를 준비해 두는 것이 상책이다.
>
> 이것에 의해서 그 다음의 계산은 한결 편해진다.

해답

1590570856 ÷ 167 의 나눗셈에서는 나누어지는 수가 10자리, 나누는 수가 3자리이므로 몫은 7자리이거나 8자리이다.

이것은 상당히 많은 자릿수이므로 우선 167의 2배에서 9배까지를 일람표로 만들어 둔다.

이것을 만들기 위해서는 167을 차례로 더하면 되며, 마지막에는 10배까지 구해서 1670이 되는 것을 확인한다.

이것에 의해서 곱셈의 착오는 완전히 피할 수 있다. 그러나 이 표에서 몫의 각 자릿수는 순식간에 채워지고, 나중에는 뺄셈만 남는다. 이때 【문제 95】의 방법도 사용할 수 있다.

```
 1 ···· 167
 2 ···· 334
 3 ···· 501
 4 ···· 668
 5 ···· 835
 6 ···· 1002
 7 ···· 1169
 8 ···· 1336
 9 ···· 1503
10 ···· 1670
```

```
              9524376
     167 ) 1590570856
            1503
             875
             835
             407
             334
             730
             668
             628
             501
            1275
            1169
            1066
            1002
              64
```

연습문제 100

① 37) 24846684   ② 892) 3445773751

제 8 장
이것이 속산의 포인트다

지금까지 1~7장에서 속산에 관한 100문제를 내놓고 그 해답을 통해서 여러 가지 기법을 소개했다. 물론 이것이 전부라고는 할 수 없지만 기본적인 속산, 표준적인 속산, 실용적인 속산, 재미있는 속산은 거의 망라했다고 본다.

그리고 이 책의 결론으로서 속산의 포인트나 주의사항을 정리해 둔다. 항목별로 정리했기 때문에 항목명을 선뜻 보는 것만으로도 대충 알 수 있고, 관심이 있는 항목만을 읽어도 된다.

1. 쓰는 수고를 가급적 적게 한다

예를 들면 21×62의 곱셈이 있다고 하자. 이것을 오른쪽 첫 번째 것과 같이 계산하면 보통의 계산이 되지만, 곱셈의 순서를 바꾸어서 62×21로 해본다.

$$\begin{array}{r} 21 \\ \times 62 \\ \hline 42 \\ 126 \\ \hline 1302 \end{array} \qquad \begin{array}{r} 62 \\ \times 21 \\ \hline 62 \\ 124 \\ \hline 1302 \end{array}$$

그러면 계산 도중에도 62가 나타나서, 62를 두 번 쓰게 된다. 이것은 쓸데없으므로 곱셈의 순서는 62×21로 보고, 실제로 곱셈은 오른쪽과 같이 한다. 이렇게 하면 62는 한 번 쓰면 되고, 쓰는 수고를 줄이게 된다. 속산에서는 이러한 배려도 중요하다.

$$\begin{array}{r} 21 \\ \times 62 \\ \hline 124 \\ \hline 1302 \end{array}$$

2. 뺄셈보다는 덧셈을

덧셈과 뺄셈에서는 물론 뺄셈이 힘들다. 예를 들면 725-187-254의 뺄셈이 있다고 하자. 보통의 계산을 하면 우선 725에서 187을

$$\begin{array}{r} 725 \\ -187 \\ -254 \\ \hline \end{array}$$

빼고, 다음에 답인 538에서 254를 뺀다. 이렇게 하면 두 번의 뺄셈이 필요하다. 이것을 우선 187과 254를 더하고, 다음에 답인 441을 725에서 빼면 뺄셈은 한 번만으로 끝난다.

```
  725        538
- 187      - 254
  538        284
  187        725
+ 254      - 441
  441        284
```

이것은 나중에 나오는 계산 순서의 연구와도 관계가 있다.

3. 나눗셈보다는 곱셈을

곱셈과 나눗셈에서는 곱셈이 훨씬 간단하다. 예를 들면

$8280 \div 24 \div 15 =$

의 나눗셈에서 보통으로 계산하면, 우선 8280을 24로 나누고, 다음에는 답 345를 15로 나눈다. 그러면 두 번의 나눗셈이 필요하다. 먼저 24와 15를 곱하고 답 360으로 8280을 나눈다. 그러면 나눗셈은 한 번만으로 끝난다.

또한 이 방법은

$155 \div 7 \div 3 =$

과 같이 각각의 나눗셈이 나누어 떨어지지 않을 때 특히 유효하다.

```
         345          23
  24 24)8280      15)345
        72            30
        108           45
         96           45
        120            0
        120
          0
```

```
    24          23
  × 15      360)8280
   120          720
    24         1080
   360         1080
                  0
```

4. 간단한 제곱은 암기한다

한 자리끼리의 곱셈은 초등학교 때에 이미 암기했다. 암기할 때는 어렵지만 암기해 버리면 매우 편리하다. 마찬가지로 간단한 제곱도 암기하면 이용할 기회가 많다. 예를 들면 두 자릿수의 제곱에 대해서 11에서 19까지의 제곱은

$11^2 = 121$	$12^2 = 144$	$13^2 = 169$
$14^2 = 196$	$15^2 = 225$	$16^2 = 256$
$17^2 = 289$	$18^2 = 324$	$19^2 = 361$

의 9개이다. 이것쯤은 반드시 암기하기 바란다. 가능하면 좀 더 욕심을 부려서

$21^2 = 441$	$22^2 = 484$	$23^2 = 529$
$24^2 = 576$	$25^2 = 625$	$26^2 = 676$
$27^2 = 729$	$28^2 = 784$	$29^2 = 841$

까지 암기하면 속산을 좀 더 잘할 수 있다고 생각한다.

5. 계산 순서를 연구한다

계산에 따라서는 순서를 바꾸는 것만으로 아주 편한 계산이 될 수도 있다.

예를 들면

$$225 \times 7 \times 8 =$$

에서는 그대로 계산을 하면,

$$225 \times 7 = 1575, \quad 1575 \times 8 = 12600$$

이지만, 이것을

$$225 \times 8 = 1800, \quad 1800 \times 7 = 12600$$

과 같이 계산하면, 암산으로도 곧 계산할 수 있다.

다만 순서를 바꾸었을 때, 계산이 쉬워질 수 있는지에 대한 정확한 전망이 중요하다.

6. 공식을 활용한다

계산에 따라서는 대수의 공식을 활용하면 금방 답이 구해지는 것이 있다. 예를 들면

$$298 \times 302 =$$

의 계산에서는,

$$(a-b)(a+b) = a^2 - b^2$$

의 공식을 사용한다. 그러면,

$$298 \times 302 = (300-2) \times (300+2)$$
$$= 300^2 - 2^2 = 89996$$

이 곧 나온다. 어려운 공식은 암기하지 못한다고 하더라도

$$(a+b)c = ac + bc$$
$$(a-b)c = ac + bc$$
$$(a+b)^2 = a^2 + 2ab + b^2$$
$$(a-b)^2 = a^2 - 2ab + b^2$$
$$(a+b)(a-b) = a^2 - b^2$$
$$(x+a)(x+b) = x^2 + (a+b)x + ab$$

이 정도는 암기해 둘 필요가 있다.

7. 수열(數列)의 합에도 공식을 이용한다

예를 들면

$$1+2+3+\cdots\cdots+100=$$

와 같이 1에서 100까지의 합을 구한다고 하자. 이것을 그대로 계산하면 큰 일이지만 공식을 이용하면

$$1+2+3+\cdots\cdots+100=100\times 101\div 2=5050$$

으로 구해진다. 이것은 1에서 n까지의 합이

$$1+2+3+\cdots\cdots+n = \frac{n(n+1)}{2}$$

로 나타나기 때문이다. 잘 알려진 공식을 몇 가지 예로 들면 아래와 같다.

$$1^2+2^2+3^2+\cdots\cdots+n^2=\frac{n(n+1)(2n+1)}{6}$$

$$1^3+2^3+3^3+\cdots\cdots+n^3=[\frac{n(n+1)}{2}]^2$$

$$1\times 2+2\times 3+3\times 4+\cdots\cdots+n(n+1)$$
$$=\frac{n(n+1)(n+2)}{3}$$

$$1\times 2\times 3+2\times 3\times 4+3\times 4\times 5+\cdots\cdots$$
$$+n(n+1)(n+2)=\frac{n(n+1)(n+2)(n+3)}{4}$$

8. 포카 미스를 하지 말 것

'포카 미스'란 것은 아주 초보적이며, 말하면 곧 알아차릴 수 있는 싱거운 잘못(미스)를 말한다. 그렇지만 미처 알아차리지 못하면 그것으로 마지막이다.

이 포카 미스를 피하려면 뭐니뭐니 해도 본인이 정신을 차리는 길밖에 없다. 그러기 위해서는 문장은 잘 읽을 것이며, 숫자는 정확히 깨끗이 쓰는 것이 중요하다.

혼히 사람에 따라서는 자기가 쓴 글자까지 나중에 가서는 못 알아보는 일이 있다. 이와 같은 사소한 일이 포카 미스로 이어지는 것이다.

포카 미스로 범하기 쉬운 것은 숫자를 잘못 보는 것, 잘못 베끼는 것, 자릿수를 잘못 보는 것, 일부 수의 중복·탈락, 계산을 성급히 하는 것, 잘못 생각하는 것 등이다.

속산에서는 재빠른 계산이 생명이므로 포카 미스를 하기 쉽다. 그러니까 계산 결과를 재검토하는 습관을 붙이고 만전을 기하도록 할 것이다. 훈련만 잘하면 아무리 빠른 속산에서도 포카 미스는 피할 수 있는 것이다.

연습문제의 해답

第1章

문제 1
① 36   ② 47   ③ 45

문제 2
① 40   ② 44   ③ 51

문제 3
① 375   ② 2673   ③ 36825

문제 4
① 276   ② 6105   ③ 51551

문제 5
① 702   ② 1637   ③ 1011

문제 6
① 553   ② 3143   ③ 15161

문제 7
① 329   ② 2601   ③ 23641

문제 8
① 348   ② 3467   ③ 12786

문제 9
① 226   ② 951   ③ 30075

문제 10
① 2948   ② 41411   ③ 187647

문제 11
① 117   ② 30   ③ 2879
문제 12
① 126   ② 295   ③ 2605

第2章

문제 13
① 156   ② 288   ③ 323
문제 14
① 10815   ② 11236   ③ 11772
문제 15
① 1009018   ② 1010025   ③ 1015054
문제 16
① 12656   ② 13688   ③ 13923
문제 17
① 1025156   ② 1034288   ③ 1036323
문제 18
① 377   ② 459   ③ 464
문제 19
① 1356   ② 1610   ③ 1904
문제 20
① 651   ② 4941   ③ 6461
문제 21
① 2538   ② 2496   ③ 2768

문제 22
① 4221　② 624　③ 7209
문제 23
① 1254　② 5688　③ 9118
문제 24
① 598　② 1974　③ 5538
문제 25
① 2496　② 6391　③ 8064
문제 26
① 8109　② 8624　③ 56232
문제 27
① 13216　② 21021　③ 30624
문제 28
① 2736　② 2816　③ 1764
문제 29
① 2739　② 2619　③ 3456
문제 30
① 2475　② 1479　③ 1976
문제 31
① 2322　② 2272　③ 3192
문제 32
① 4209　② 11616　③ 23517
문제 33
① 3960　② 21425　③ 81900

문제 34
① 34125　② 317625　③ 266250

문제 35
① 15552　② 8554　③ 22698

문제 36
① 57660　② 112392　③ 62905

문제 37
① 41734　② 34408　③ 56562

문제 38
① 425796　② 94572　③ 4135416

문제 39
① 15678　② 72814　③ 87584

문제 40
① 13932　② 19170　③ 46557

문제 41
① 8742　② 11772　③ 11984

문제 42
① 10246　② 9523　③ 10848

문제 43
① 42848　② 166463　③ 651245

문제 44
① 982065　② 1025156　③ 1002972

문제 45
① 6921　② 29367　③ 51612

문제 46
　① 433806　② 854568　③ 242209
문제 47
　① 42287　② 516224　③ 612772
문제 48
　① 2499　② 2491　③ 2436
문제 49
　① 2430　② 2530　③ 2494
문제 50
　① 22499　② 22484　③ 22436
문제 51
　① 4263　② 4656　③ 7332
문제 52
　① 6603　② 3612　③ 5727
문제 53
　① 34532　② 31248　③ 467051

제 3 장

문제 54
　① 1849　② 661.8　③ 17475
문제 55
　① 3355　② 1061……나머지 72
문제 56
　① 73　② 366……나머지 4　③ 3687

문제 57
　① 74　　　② 56876……나머지 62
문제 58
　① 283……나머지 13　② 3983
문제 59
　① 33……나머지 157　② 5643
문제 60
　① 7……나머지 2563　② 933……나머지 4157
문제 61
　① 61　　　② 9301……나머지 44
문제 62
　① 2142……나머지 43　② 3050……나머지 32
문제 63
　① 302……나머지 3　② 6985
문제 64
　① 39……나머지 561　② 869
문제 65
　① 1863　② 4581……나머지 10
문제 66
　① 510……나머지 6　② 1352……나머지 21
문제 67
　① 272……나머지 11　② 1869
문제 68
　① 309……나머지 6　② 1423……나머지 161

문제 69
　① 735······나머지 422　② 345······나머지 387

第 4 章

문제 70
　① 144　② 256　③ 324
문제 71
　① 625　② 3025　③ 9025
문제 72
　① 2704　② 2916　③ 3481
문제 73
　① 8836　② 10609　③ 13225
문제 74
　① 988036　② 978121　③ 1026169
문제 75
　① 65025　② 308025　③ 731025
문제 76
　① 305809　② 310249　③ 312481
문제 77
　① 2116　② 5476　③ 7396
문제 78
　① 7569　② 1369　③ 9649

第5章

문제 79
   ① 1이 남는다 ② 3이 남는다

문제 80
   ① 나눠진다 ② 20이 남는다

문제 81
   ① 나눠진다 ② 나눠진다

문제 82
   ① 나눠진다 ② 3이 남는다

문제 83
   ① 나눠진다 ② 나눠진다

문제 84
   ① 나눠진다 ② 나눠진다

문제 85
   ① 나눠진다 ② 나눠진다 ③ 나눠진다

문제 86
   ① 나눠진다 ② 나눠진다

문제 87
   ① 나눠진다 ② 나눠진다

第6章

문제 88
   ① 틀리다 ② 맞다 ③ 틀리다

문제 89
   ① 맞다 ② 맞다

연습문제의 해답　247

문제 90
　① 맞다　　② 틀리다
문제 91
　① 맞다　　② 맞다
문제 92
　① 맞다　　② 맞다

第7章

문제 93
　① 1192　　② 11610　　③ 140566
문제 94
　① 1075　　② 18378　　③ 174517
문제 95
　① 467　　② 1387　　③ 2844
문제 96
　① 998　　② 2984　　③ 499002
문제 97
　① 26523　　② 4324　　③ 238336
문제 98
　① 4343132　　② 3372578861

문제 99

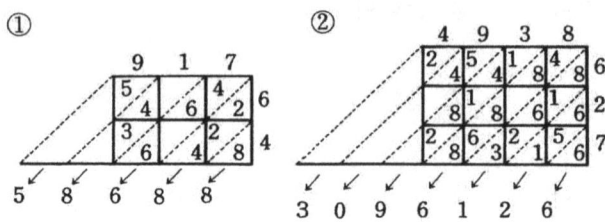

문제 100
① 671532　② 3862975 …… 나머지 51

속산 100의 테크닉
이것으로 당신도 계산의 명인

1쇄 1994년 10월 15일
중쇄 2017년 7월 24일

지은이 나카무라 기사쿠
옮긴이 김소윤, 김현숙

펴낸이 손영일
편 집 손동석
펴낸곳 전파과학사
주소 서울시 서대문구 증가로18(연희빌딩) 204호
등록 1956. 7. 23. 등록 제10-89호
전화 (02)333-8877(8855)
FAX. (02)334-8092

홈페이지 www.s-wave.co.kr
E-mail chonpa2@hanmail.net
공식블로그 http://blog.naver.com/siencia

가격 13,000원
ISBN 978-89-7044-771-1 (05410)

파본은 구입처에서 교환해 드립니다.
정가는 커버에 표시되어 있습니다.

도서목록

BLUE BACKS

① 광합성의 세계
② 원자핵의 세계
③ 맥스웰의 도깨비
④ 원소란 무엇인가
⑤ 4차원의 세계
⑥ 우주란 무엇인가
⑦ 지구란 무엇인가
⑧ 새로운 생물학
⑨ 마이컴의 제작법(절판)
⑩ 과학사의 새로운 관점
⑪ 생명의 물리학
⑫ 인류가 나타난 날 I
⑬ 인류가 나타난 날 II
⑭ 잠이란 무엇인가
⑮ 양자역학의 세계
⑯ 생명합성에의 길
⑰ 상대론적 우주론
⑱ 신체의 소사전
⑲ 생명의 탄생
⑳ 인간영양학(절판)
㉑ 식물의 병(절판)
㉒ 물성물리학의 세계
㉓ 물리학의 재발견〈상〉
㉔ 생명을 만드는 물질
㉕ 물이란 무엇인가
㉖ 촉매란 무엇인가
㉗ 기계의 재발견
㉘ 공간학에의 초대
㉙ 행성과 생명
㉚ 구급의학 입문(절판)
㉛ 물리학의 재발견〈하〉
㉜ 열번째 행성
㉝ 수의 장난감상자
㉞ 전파기술에의 초대
㉟ 유전독물
㊱ 인터페론이란 무엇인가
㊲ 쿼 크
㊳ 전파기술입문
㊴ 유전자에 관한 50가지 기초지식
㊵ 4차원 문답
㊶ 과학적 트레이닝(절판)
㊷ 소립자론의 세계
㊸ 쉬운 역학 교실
㊹ 전자기파란 무엇인가
㊺ 초광속입자 타키온
㊻ 파인 세라믹스
㊼ 아인슈타인의 생애
㊽ 식물의 섹스
㊾ 바이오테크놀러지
㊿ 새로운 화학
(51) 나는 전자이다
(52) 분자생물학 입문
(53) 유전자가 말하는 생명의 모습
(54) 분체의 과학
(55) 섹스 사이언스
(56) 교실에서 못배우는 식물이야기
(57) 화학이 좋아지는 책
(58) 유기화학이 좋아지는 책
(59) 노화는 왜 일어나는가
(60) 리더십의 과학(절판)
(61) DNA학 입문
(62) 아몰퍼스
(63) 안테나의 과학
(64) 방정식의 이해와 해법
(65) 단백질이란 무엇인가
(66) 자석의 ABC
(67) 물리학의 ABC
(68) 천체관측 가이드
(69) 노벨상으로 말하는 20세기 물리학
(70) 지능이란 무엇인가
(71) 과학자와 기독교
(72) 알기 쉬운 양자론
(73) 전자기학의 ABC
(74) 세포의 사회
(75) 산수 100가지 난문·기문
(76) 반물질의 세계
(77) 생체막이란 무엇인가
(78) 빛으로 말하는 현대물리학
(79) 소사전·미생물의 수첩
(80) 새로운 유기화학
(81) 중성자 물리의 세계
(82) 초고진공이 여는 세계
(83) 프랑스 혁명과 수학자들
(84) 초전도란 무엇인가
(85) 괴담의 과학
(86) 전파란 위험하지 않은가

도서목록

BLUE BACKS

- ⑧⑦ 과학자는 왜 선취권을 노리는가?
- ⑧⑧ 플라스마의 세계
- ⑧⑨ 머리가 좋아지는 영양학
- ⑨⓪ 수학 질문 상자
- ⑨① 컴퓨터 그래픽의 세계
- ⑨② 퍼스컴 통계학 입문
- ⑨③ OS/2로의 초대
- ⑨④ 분리의 과학
- ⑨⑤ 바다 야채
- ⑨⑥ 잃어버린 세계·과학의 여행
- ⑨⑦ 식물 바이오 테크놀러지
- ⑨⑧ 새로운 양자생물학
- ⑨⑨ 꿈의 신소재·기능성 고분자
- ⑩⓪ 바이오테크놀러지 용어사전
- ⑩① Quick C 첫걸음
- ⑩② 지식공학 입문
- ⑩③ 퍼스컴으로 즐기는 수학
- ⑩④ PC통신 입문
- ⑩⑤ RNA 이야기
- ⑩⑥ 인공지능의 ABC
- ⑩⑦ 진화론이 변하고 있다
- ⑩⑧ 지구의 수호신·성층권 오존
- ⑩⑨ MS-Windows란 무엇인가
- ⑪⓪ 오답으로부터 배운다
- ⑪① PC C언어 입문
- ⑪② 시간의 불가사의
- ⑪③ 뇌사란 무엇인가?
- ⑪④ 세라믹 센서
- ⑪⑤ PC LAN은 무엇인가?
- ⑪⑥ 생물물리의 최전선
- ⑪⑦ 사람은 방사선에 왜 약한가?
- ⑪⑧ 신기한 화학매직
- ⑪⑨ 모터를 알기쉽게 배운다
- ⑫⓪ 상대론의 ABC
- ⑫① 수학기피증의 진찰실
- ⑫② 방사능을 생각한다
- ⑫③ 조리요령의 과학
- ⑫④ 앞을 내다보는 통계학
- ⑫⑤ 원주율 π의 불가사의
- ⑫⑥ 마취의 과학
- ⑫⑦ 양자우주를 엿보다
- ⑫⑧ 카오스와 프랙털
- ⑫⑨ 뇌 100가지 새로운 지식
- ⑬⓪ 만화수학소사전
- ⑬① 화학사 상식을 다시보다
- ⑬② 17억 년 전의 원자로
- ⑬③ 다리의 모든 것
- ⑬④ 식물의 생명상
- ⑬⑤ 수학·아직 이러한 것을 모른다
- ⑬⑥ 우리 주변의 화학물질
- ⑬⑦ 교실에서 가르쳐주지 않는 지구이야기
- ⑬⑧ 죽음을 초월하는 마음의 과학
- ⑬⑨ 화학재치문답
- ⑭⓪ 공룡은 어떤 생물이었나
- ⑭① 시세를 연구한다
- ⑭② 스트레스와 면역
- ⑭③ 나는 효소이다
- ⑭④ 이기적인 유전자란 무엇인가
- ⑭⑤ 인재는 불량사원에서 찾아라
- ⑭⑥ 기능성 식품의 경이
- ⑭⑦ 바이오 식품의 경이
- ⑭⑧ 몸속의 원소여행
- ⑭⑨ 궁극의 가속기 SSC와 21세기 물리학
- ⑮⓪ 지구환경의 참과 거짓
- ⑮① 중성미자 천문학
- ⑮② 제2의 지구란 있는가
- ⑮③ 아이는 이처럼 지쳐 있다
- ⑮④ 한의학에서 본 병아닌 병
- ⑮⑤ 화학이 만드는 놀라운 기능재료
- ⑮⑥ 수학 퍼즐 랜드
- ⑮⑦ PC로 도전하는 원주율
- ⑮⑧ 사막의 낙타는 왜 태양을 향하는가
- ⑮⑨ PC로 즐기는 물리 시뮬레이션
- ⑯⓪ 대인관계의 심리학
- ⑯① 화학반응은 왜 일어나는가
- ⑯② 한방의 과학
- ⑯③ 초능력과 기의 수수께끼에 도전한다
- ⑯④ 과학·재미있는 질문 상자
- ⑯⑤ 컴퓨터 바이러스
- ⑯⑥ 산수 100가지 난문·기문 3
- ⑯⑦ 속산 100의 테크닉
- ⑯⑧ 에너지로 말하는 현대 물리학
- ⑯⑨ 전철 속에서도 할 수 있는 정보처리
- ⑰⓪ 슈퍼 파워 효소의 경이